国家中等职业教育改革发展示范学校
项目建设系列教材编委会

主　任：余少辉
副主任：邓大贤
成　员：覃矫文　李峰峻　曾国彬　刘宇丹　唐小健
　　　　侯燕辉　罗　灵　张　婷　黄少飞　谭建辉
　　　　陈庆华　赏　兰　何素玲　李海虹　罗世雄
　　　　谢文艳　李韶平　董大平　张群宣　黎志钢
　　　　王佳佳　叶志坚　张　洁　廖佩琚
　　　　文清年　（韶关市旅游局局长）
　　　　卢东华　（韶关市旅游局副局长）
　　　　张　辉　（广东技术师范学院教授）
　　　　左磐石　（韶关学院地理与旅游学院教授）
　　　　林欣宏　（广东唯康教育科技股份有限公司区域经理）
　　　　李东剑　（韶关市新明业电脑科技有限公司总经理）
　　　　黎运权　（韶关市方安电力工程监理有限公司技术总监）

国家中等职业教育改革发展示范学校项目建设系列教材

小型网络组建

侯燕辉　主编

暨南大学出版社

JINAN UNIVERSITY PRESS

中国·广州

图书在版编目（CIP）数据

小型网络组建/侯燕辉主编. —广州：暨南大学出版社，2015.4
（国家中等职业教育改革发展示范学校项目建设系列教材）
ISBN 978 – 7 – 5668 – 1402 – 9

Ⅰ. ①小… Ⅱ. ①侯… Ⅲ. ①计算机网络—教材 Ⅳ. ①TP393

中国版本图书馆 CIP 数据核字（2015）第 076371 号

出版发行：暨南大学出版社

地　　址：	中国广州暨南大学
电　　话：	总编室（8620）85221601
	营销部（8620）85225284　85228291　85228292（邮购）
传　　真：	（8620）85221583（办公室）　85223774（营销部）
邮　　编：	510630
网　　址：	http：//www. jnupress. com　http：//press. jnu. edu. cn

排　　版：	广州市天河星辰文化发展部照排中心
印　　刷：	深圳市新联美术印刷有限公司

开　　本：	787mm×1092mm　1/16
印　　张：	9. 5
字　　数：	197 千
版　　次：	2015 年 4 月第 1 版
印　　次：	2015 年 4 月第 1 次

定　　价：22. 00 元

总　序

　　中等职业教育作为国民教育序列的重要组成部分，占据了我国中等教育的半壁江山。中等职业教育承担了为社会经济发展培养和输送中级技能型人才的主要任务，承担了促进中职学生成人、成德、成才的教育任务。因此，中等职业学校的教材必须具有人文教育性、职业特色性和紧随社会经济发展的时代性。

　　随着社会经济发展和产业结构的转型升级，中等职业教育将进入发展的新常态。社会经济发展对技能型人才的要求也将提出新的标准。社会对技能型人才要求的核心集中在"德技"二字。为此，我们提出"德技树人、德技立身"的职业教育理念，并强调：我们中职教育的教材要成为培养学生"德技"的载体，成为塑造学生良好品德、培养学生良好职业素养和现代职业技能的载体。基于此，我们成立了由教育、行业、企业等领域的专家组成的编纂委员会，指导我校旅游服务与管理、计算机网络技术和电子与信息技术等三个国家示范校重点建设专业的教材编写。在专家的引领下，同时根据社会经济发展、行业特点、岗位特点以及教育规律，我们编写了这套系列教材，以期更好地为培养适应社会经济发展的技能型人才服务。我们相信，这套系列教材能够充分体现理论与技能并重、行业标准与培养目标结合的职业教育特色。

　　在本套教材的编写过程中，我们参考了大量的文献和专著，并得到了广东省著名教育专家姜蕙女士、广东技术师范学院张辉教授以及韶关市旅游局有关领导的大力支持，在此一并对这些教育专家、行业企业专家以及相关编者、作者致以感谢。

韶关市中等职业技术学校校长

2015 年 3 月

目 录

第一编
家庭网络组建

项目 1：HP 台式商务机清除
"Power-on Password" 密码

1.1 项目提出

　　小李是公司的网络管理员，有一位员工离职了，联系不上，离职员工所使用的 HP（惠普）台式商务机设置了"Power-on Password"密码，无法启动，也无法用 U 盘启动来清除密码，导致该电脑无法使用。小李现在需要实现以下目标：清除 HP 台式商务机"Power-on Password"密码。

1.2 项目分析

　　一般电脑设置的密码，都可以通过拆除主板上的电池来放电以清除，但 HP 台式商务机不行，需要使用其他方法来清除。该主板非常特殊，拔电池或者按清除 CMOS 按钮只能让 BIOS 恢复初始设置，不能清除密码。HP 台式商务机清除 CMOS 和清除系统密码是两种不同的方法。所以，拔电池不起作用。另外，也进不了 PE 工具，因为该机器只有在输入"Power-on Password"密码之后才能进入 BIOS 或者启动菜单。

1.3 知识探究

　　恢复 CMOS 的出厂默认设置适用于超频玩家和设置了 CMOS 密码但是自身又忘记了密码的玩家。下面是几种通过硬件操作恢复 CMOS 的方法。

　　1. 取出 CMOS 电池

　　虽然进行跳线是最方便的方法，但是少部分主板不支持跳线来给 CMOS 放电（如华硕主板）。此时可以将 CMOS 供电电池取下达到放电的目的。因为 BIOS 的供电都是由 CMOS 电池供应的，将电池取出便可切断 BIOS 的电力供应，这样 BIOS 中自行设置的参数就被清除了。在主板上找到 CMOS 电池插座，接着将插座上用来卡住供电电池的卡扣压向一边，此时 CMOS 电池会自动弹出，取出电池后等待一段时间（以便将供电电路的残余电量放尽），接着接通主机电源启动电脑，屏幕上就会提示 BIOS 中的数据已被清除，需要进入 BIOS 重新设置。这样，证明已成功对 CMOS 放电，启动时 BIOS 提示出错，证明放电成功。如果没有成功，可关机等待更长一段时间，直到放电成功。

2. 使用 CMOS 放电跳线

主板基本上都设计有 CMOS 放电跳线，可以让大家用跳线的方法进行放电操作，经过放电后 CMOS 设置将会被清除，这也是最常用的 CMOS 放电方法。该放电跳线一般为三个针脚，位于主板 CMOS 电池插座附近，并附有电池放电说明。在默认状态下，会将跳线帽连接在标识为 "1" 和 "2" 的针脚上，从放电说明上可以知道此时状态为 "Normal"，即正常的使用状态。要使用该跳线来放电，首先用镊子或其他工具将跳线帽从 "1" 和 "2" 的针脚上拔出，然后再套在标识为 "2" 和 "3" 的针脚上将它们连接起来，由放电说明上可以知道此时状态为 "Clear CMOS"，即清除 CMOS。经过跳线后，就可清除用户在 BIOS 内的各种手动设置，而恢复到主板出厂时的默认设置。记住，跳线后 CMOS 已经放电，在开机前一定要将跳线帽跳回原来的状态，否则 CMOS 将始终处于清除状态，无法记录用户的设置。

1.4　项目实现

1. 任务目标

（1）清除 HP 台式商务机的 "Power-on Password" 密码。

（2）掌握电脑主板 CMOS 密码的清除方法。

2. 任务所需设备

设置了 "Power-on Password" 密码的 HP 台式商务机一台，如图 1 - 1 所示。

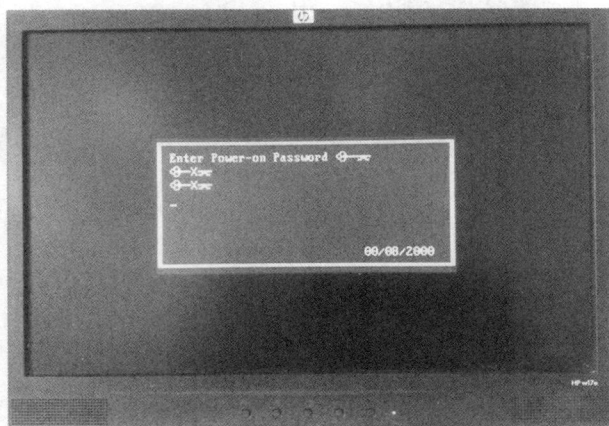

图 1 - 1　HP 台式商务机

3. 任务实施步骤

（1）关机并切断电源，拔下跳线。

步骤 1：关闭电脑，如图 1 - 2 所示。

图 1 - 2 关闭电脑

步骤 2：拔下主机电源线，如图 1 - 3 所示。

图 1 - 3 拔下主机电源线

步骤3：打开主机机箱，如图1－4所示。

图1－4　打开主机机箱

步骤4：找到跳线所在位置，如图1－5所示。

图1－5　找到跳线

步骤5：拔下跳线，如图1－6所示。

图1－6　拔下跳线

（2）接上主机电源线并开机。

步骤1：把电脑主机的电源线接上。

步骤2：开机。

步骤3：电脑启动过程中发现无"Power-on Password"密码。

步骤4：关机。

（3）插上跳线正常开机。

步骤1：插上跳线。

步骤2：把机箱盖装好。

步骤3：开机。

步骤4：电脑启动过程中无"Power-on Password"密码，完成。

1.5　思考与练习

1. HP商务笔记本电脑如何清除"Power-on Password"密码？

2. 找一台式电脑主机，动手试一试清除主板密码。

项目 2：制作 "老毛桃" U 盘启动盘

2.1　项目提出

小李所在的公司有一名员工小张出差两个多月回来，发现自己用的电脑 WIN XP 登录密码忘了，无法登录并拷贝自己的资料。现在需要实现以下目标：

（1）制作 "老毛桃" U 盘启动盘并清除 WIN XP 登录密码。

（2）掌握 "老毛桃" U 盘启动盘的制作方法。

2.2　项目分析

电脑 WIN XP 登录密码的清除很简单，关键得有工具，小李习惯用 "老毛桃" U 盘启动盘。"老毛桃" U 盘启动盘制作工具是目前最流行的 U 盘安装系统和维护电脑的专用工具。它有如下优点：一是制作简单，几乎 100% 支持所有 U 盘一键制作为启动盘，不必顾虑以前量产 U 盘要考虑专用工具的问题；二是制作后工具功能强大，支持 GHO、ISO 系统文件，支持原版系统安装；三是兼容性强，支持最新型台式电脑主板与笔记本电脑主板，有多个 PE 版本供选择，基本上杜绝了蓝屏现象。

2.3　知识探究

2.3.1　忘记了系统登录密码时，有以下解决方法

（1）重装系统（无奈的情况下这是最直接的解决方法）。

（2）还原系统（前提是设置密码之前有做过备份）。

（3）用工具清除密码。

（4）DOS 下破解。

2.3.2　"老毛桃" U 盘启动盘的功能

（1）运行 WIN PE 系统。

（2）运行 DISK GENIUS 分区工具。

（3）运行 MAX DOS 工具箱。

（4）破解 WINDOWS 登录密码。

（5）运行 GHOST 备份还原工具。

（6）安装系统。

2.4 项目实现

2.4.1 制作"老毛桃"U 盘启动盘

1. 任务目标

（1）完成"老毛桃"U 盘启动盘的制作。

（2）掌握"老毛桃"U 盘启动盘的制作方法。

2. 任务所需设备（注意：操作前备份好 U 盘数据）

（1）内存不小于 512MB 的电脑一台。

（2）容量不小于 512MB 的 U 盘一个。

（3）下载"老毛桃"U 盘启动制作工具，如图 2 - 1 所示，下载地址为：http：//www.laomaotao.net/。

（4）准备好需要安装的 GHOST 系统。

图 2 - 1 "老毛桃 U 盘启动制作工具"界面

3. 任务实施步骤

（1）用"老毛桃 U 盘启动制作工具"制作 U 盘启动盘。

步骤 1：双击"老毛桃 U 盘启动制作工具"应用程序，选择将要制作的 U 盘，如图 2－2 所示。

图 2－2　插入 U 盘后的界面

步骤 2：点击"一键制作成 USB 启动盘"按钮（注意：操作前备份重要数据），出现如图 2－3 所示的提示框后点击"确定"按钮。

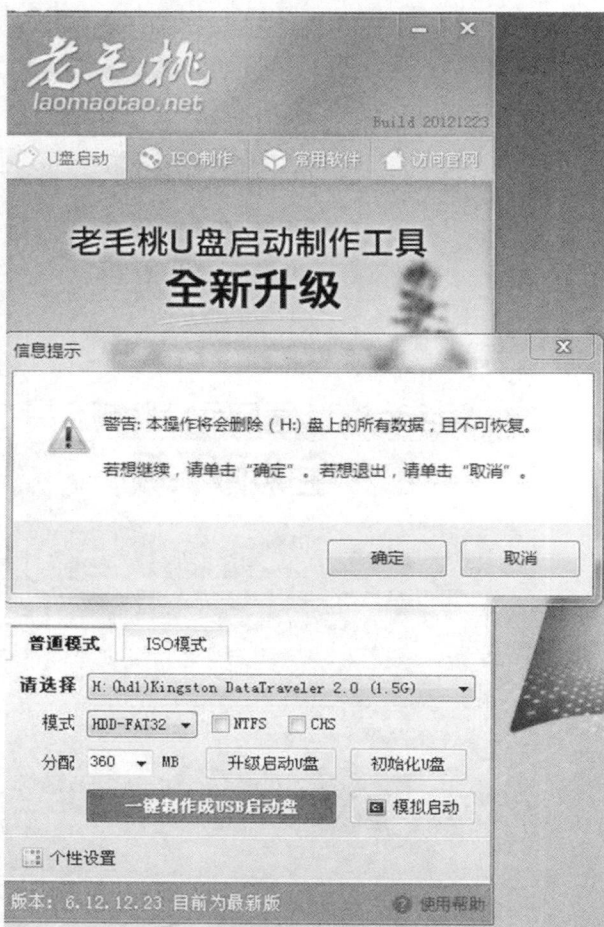

图 2－3　点击"一键制作成 USB 启动盘"后的界面

步骤 3：写入数据，如图 2 - 4 所示。

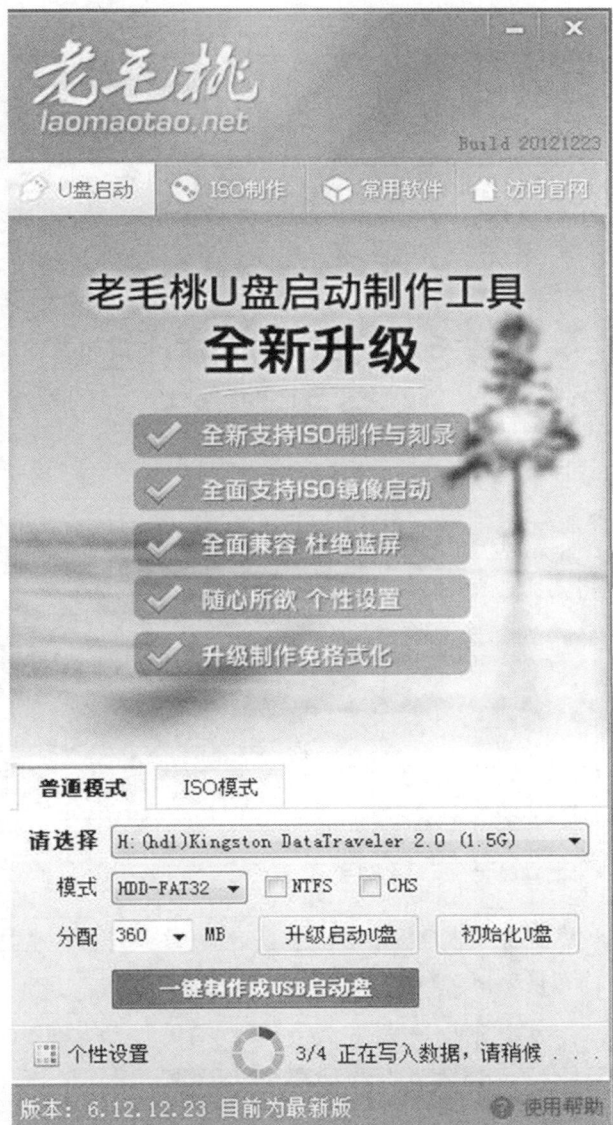

图 2 - 4 写入数据

步骤 4："一键制作成 USB 启动盘"完成，出现如图 2 – 5 所示的提示框，点击"是"按钮进入测试。

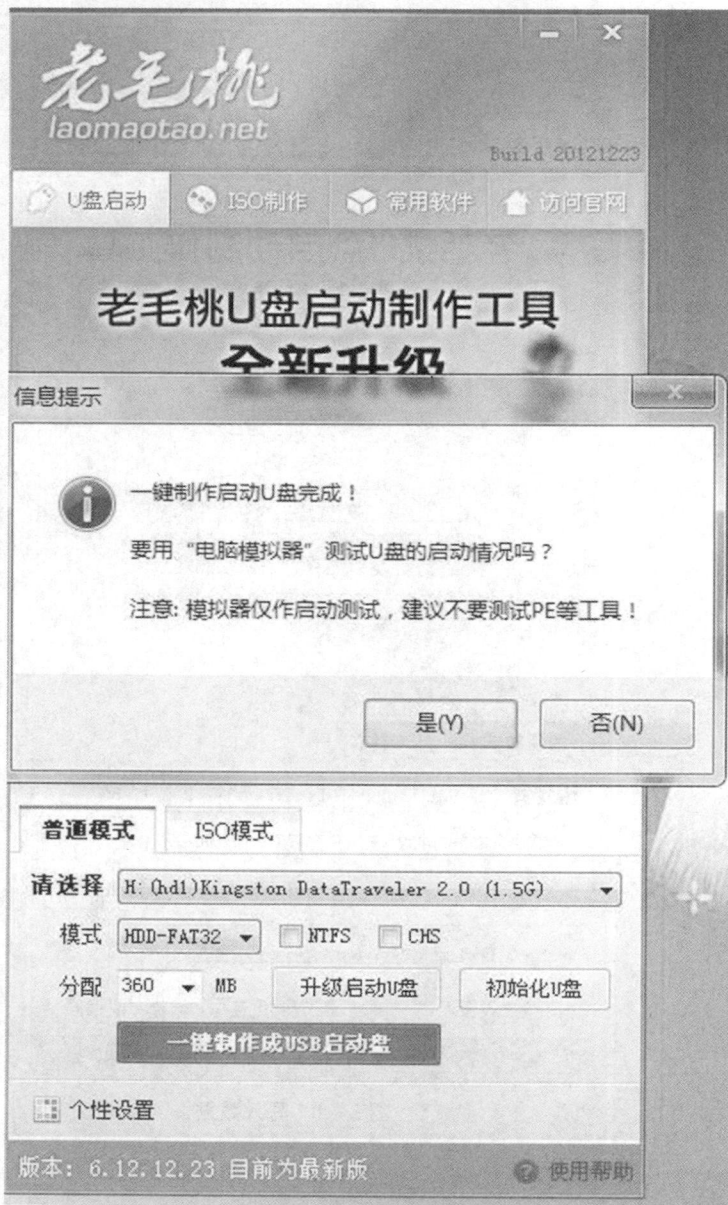

图 2 – 5　制作完成

步骤5：进入如图2-6所示的模拟测试界面。

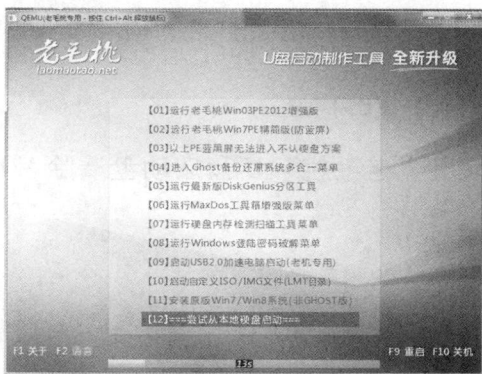

图2-6　模拟测试界面

步骤6：点击右上角的"关闭"按钮，弹出如图2-7所示的信息提示，点击"确定"按钮，完成。

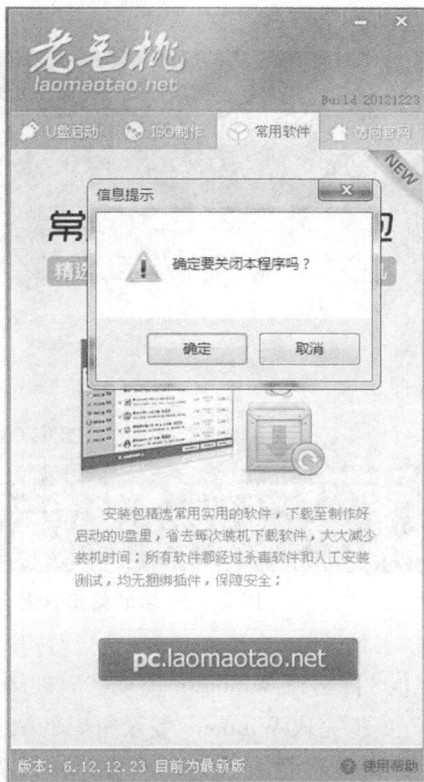

图2-7　模拟测试完成

（2）将系统文件复制到 U 盘。在制作好的 U 盘根目录下新建一个名为"GHO"的文件夹，将准备好的系统重命名为"auto. gho"并复制到 GHO 文件夹下。

（3）制作完成，拔出 U 盘。

2.4.2 运用"老毛桃"U 盘启动盘清除 WIN 7 登录密码

1. 任务目标

（1）完成 WIN 7 登录密码的清除。

（2）掌握运用 U 盘启动盘清除 WIN 7 登录密码的方法。

2. 任务所需设备

（1）设置了 WIN 7 登录密码的电脑一台（内存 512M 或以上）。

（2）"老毛桃"U 盘启动盘。

3. 任务实施步骤

（1）重启进入 BIOS 设置 U 盘启动（提示：请先插入 U 盘，再进入 BIOS）。

（2）进入"老毛桃 U 盘启动制作工具"，启动菜单界面，如图 2 - 8 所示。

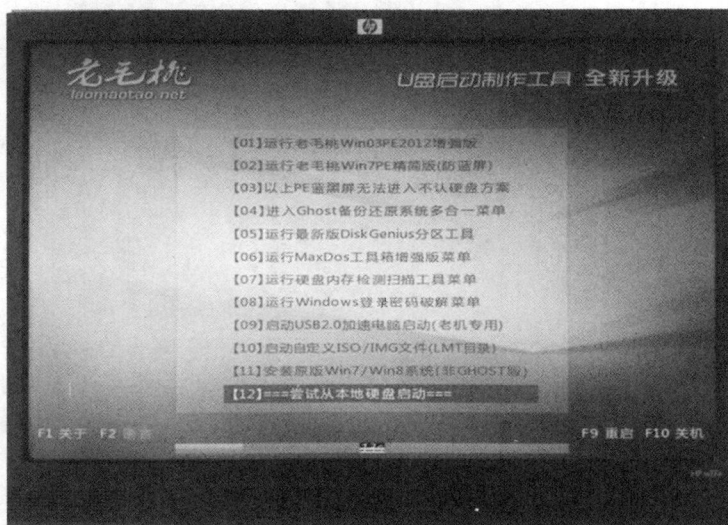

图 2 - 8　启动菜单界面

（3）点击"【08】运行 Windows 登录密码破解菜单"。

（4）按提示一步步完成 Windows 登录密码的清除。

（5）重启进入 BIOS 设置 U 盘启动（提示：请先插入 U 盘，再进入 BIOS）。在计算机启动的第一画面上按"DEL"键进入 BIOS（可能有的主机不是

DEL，而是 F2 或 F1，请按界面提示进入），选择 Advanced BIOS FEATURES，将 Boot Sequence（启动顺序）设定为 USB-HDD 模式。设定的方法是在该项上按 PageUp 或 PageDown 键来转换选项。设定好后按 ESC 键，退回 BIOS 主界面，选择 Save and Exit（保存并退出 BIOS 设置，直接按 F10 也可以，但不是所有的 BIOS 都支持），按回车键确认退出 BIOS 设置。

2.5　思考与练习

1. 如何清除 WIN 2008 SERVER 的登录密码？
2. 动手试试破解 WIN XP 的登录密码。

项目 3：U 盘装 WIN 7 系统

3.1　项目提出

小李所在公司的一台 HP xw4550 电脑中了病毒，无法启动，需要重新安装 WIN 7 系统，然而该电脑无光驱，无法用光盘安装系统，故需要实现以下目标：

（1）用 U 盘安装 WIN 7 系统。

（2）掌握用 U 盘安装 WIN 7 系统的方法。

3.2　项目分析

电脑中了病毒无法启动时，最简便的方法就是重装系统，这样比较省时，也可以较彻底地清除病毒。

3.3　知识探究

关于计算机系统的安装方法，有以下几种。

1. 光盘安装

（1）把光盘放入光驱，重新启动计算机。

（2）按 DEL 或者其他键（F1 或 F2，根据主板或者品牌机而定），进入 BIOS。

（3）找到 First Boot Device，将其设为 CDROM（光驱启动）。

方法是：用键盘方向键选定 First Boot Device，用 PageUp 或 PageDown 键翻页将 HDD-O 改为 CDROM，按 F10，然后按 Y，再按回车，电脑就会自动重启。

（4）点"自动安装 WIN XP 到 C 盘"，开始安装系统。

（5）系统安装完成后，重启。开机→进入 BIOS→设置电脑从硬盘启动→按 F10 键→按 Y 键→按回车键。以后开机就是从硬盘启动了。

（6）系统安装完成后，用自带驱动盘或者驱动更新软件更新系统驱动程序。

2. U 盘安装

3. 硬盘安装

3.4　项目实现

1. 任务目标

（1）用 U 盘安装 WIN 7 系统。

（2）掌握用 U 盘安装 WIN 7 系统的方法。

2. 任务所需设备

硬件：电脑一台，U 盘启动盘一个；软件：WIN 7 系统镜像。

3. 任务实施步骤

步骤 1：开机按 F10 键进入主板设置界面。

步骤 2：按键盘上的"→"键、"↓"键调到"Boot Order"菜单，如图 3 - 1 所示。

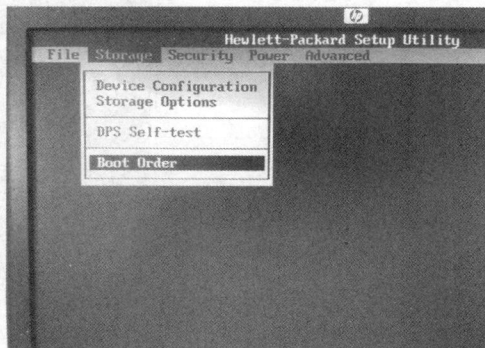

图 3 - 1　主板设置界面

步骤 3：按回车键，弹出如图 3 - 2 所示的界面。

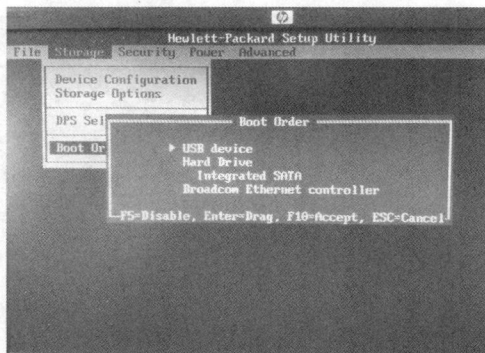

图 3 - 2　选择开机启动顺序

步骤4：选择"USB device"，按回车键，弹出如图3－3所示的界面。

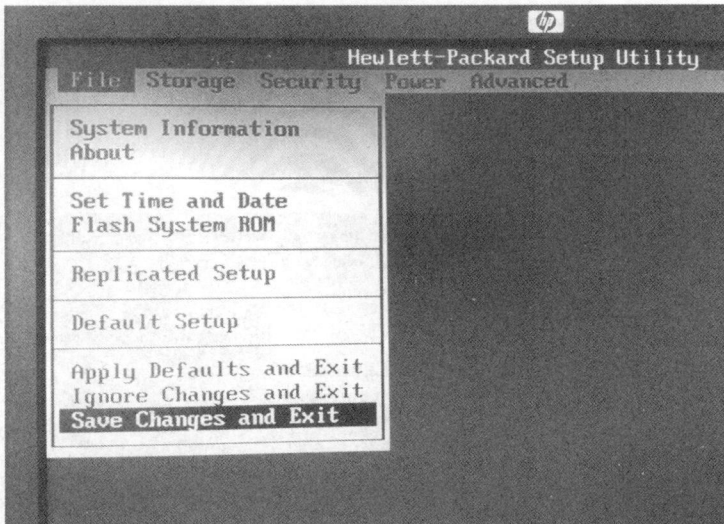

图3－3　设置USB启动

步骤5：选择"Save Changes and Exit"，按回车键，弹出如图3－4所示的界面。

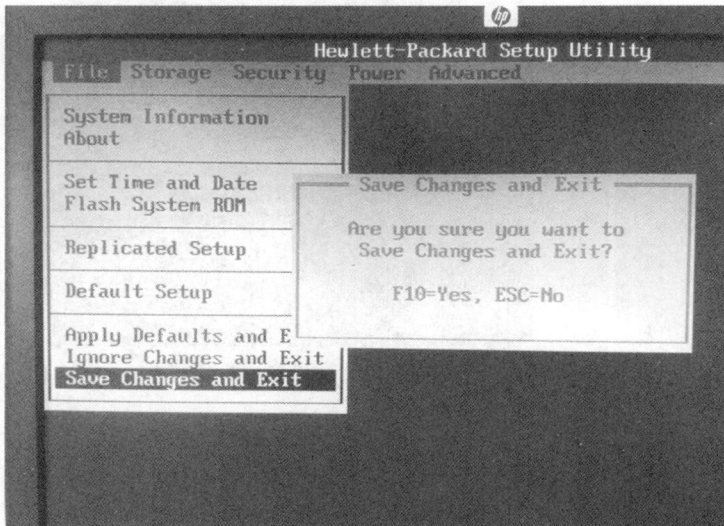

图3－4　确认保存并退出

步骤6：插入 U 盘启动盘，按 F10，电脑重启，如图 3 – 5 所示。

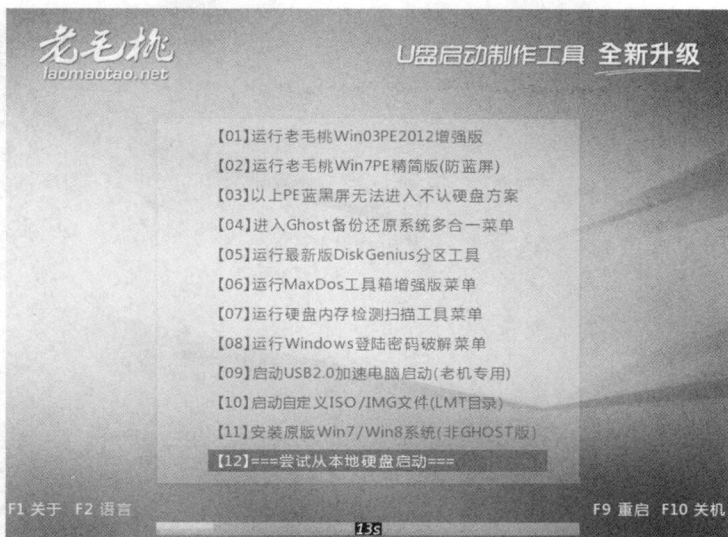

图 3 – 5　重启电脑

步骤7：按"↑"键，定位到"【01】运行老毛桃 Win03PE2012 增强版"菜单，如图 3 – 6 所示。

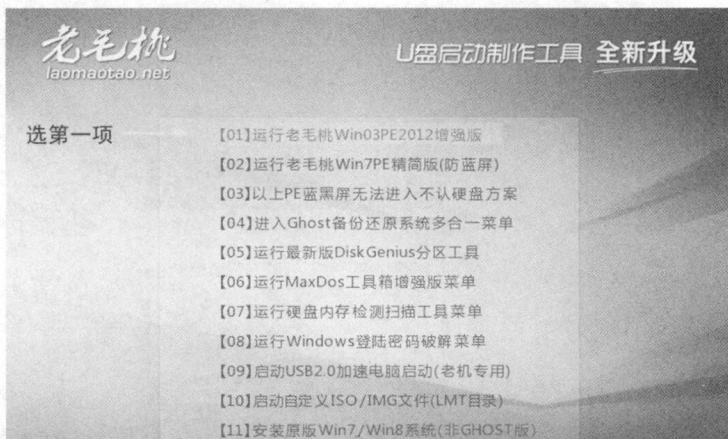

图 3 – 6　选第一项菜单运行

19

步骤 8：按回车键，弹出如图 3 - 7 所示的界面。

图 3 - 7 进入 WIN PE 系统

步骤 9：WIN PE 启动后的界面，如图 3 - 8 所示。

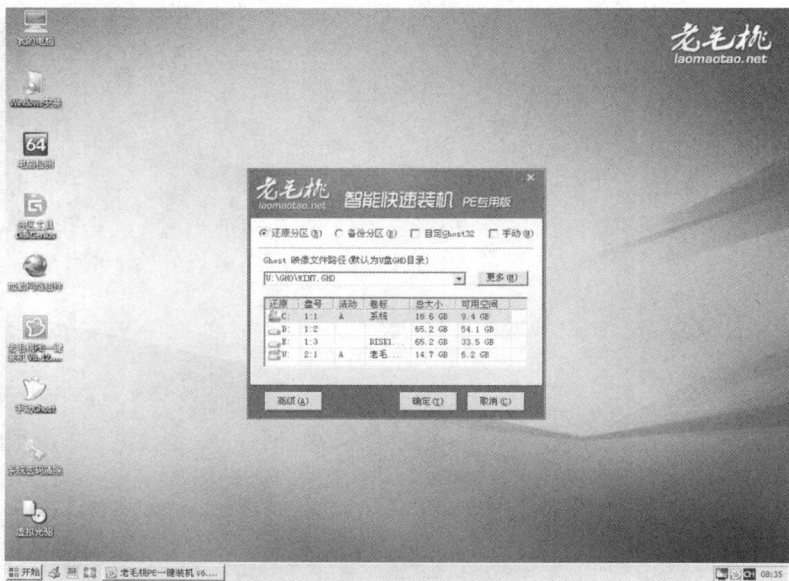

图 3 - 8 WIN PE 系统界面

步骤 10：关闭"智能快速装机"，用鼠标选中"手动 Ghost"快捷方式，如图 3-9 所示。

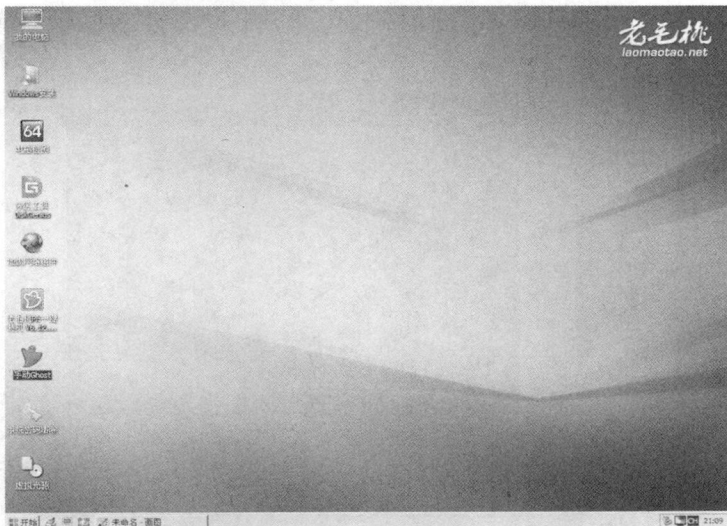

图 3-9　选择"手动 Ghost"

步骤 11：双击"手动 Ghost"快捷方式，打开如图 3-10 所示的界面。

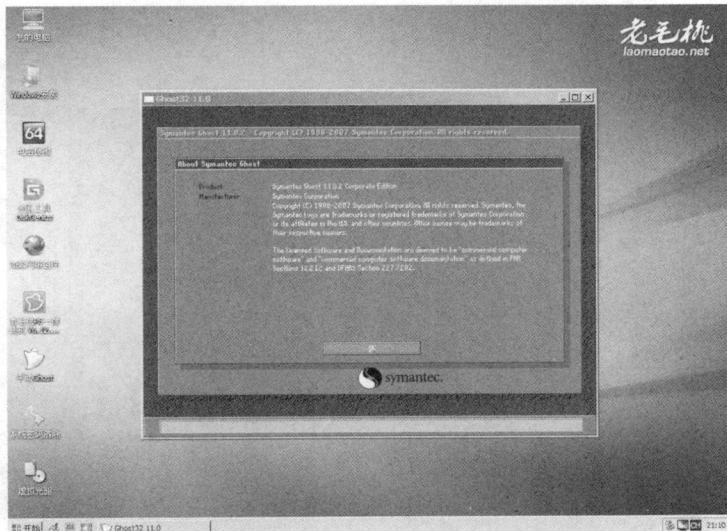

图 3-10　"手动 Ghost"界面

步骤 12：点击"OK"，用光标依次选择"Local"→"Partition"→"From Image"菜单，如图 3 – 11 所示。

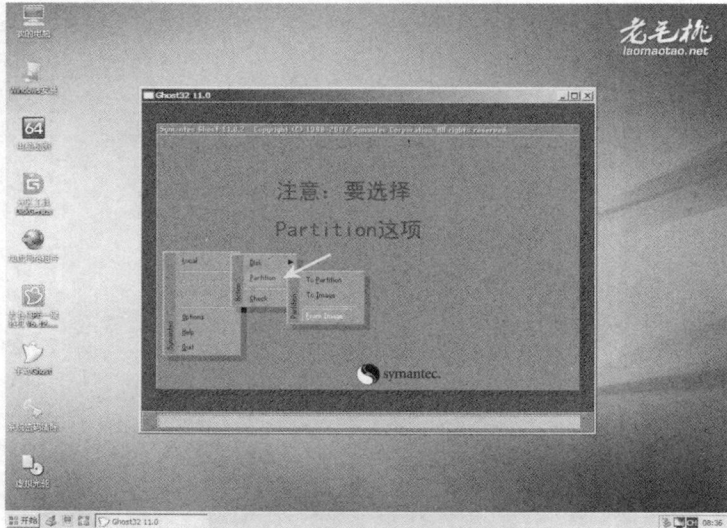

图 3 – 11　选择"From Image"

步骤 13：双击"WIN7. GHO"镜像，如图 3 – 12 所示。

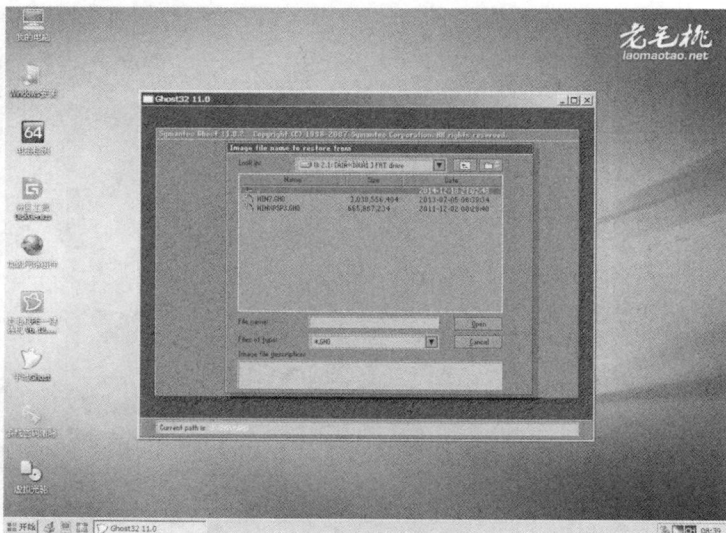

图 3 – 12　找到 U 盘"WIN7. GHO"镜像

22

步骤 14：点击"OK"按钮，如图 3 - 13 所示。

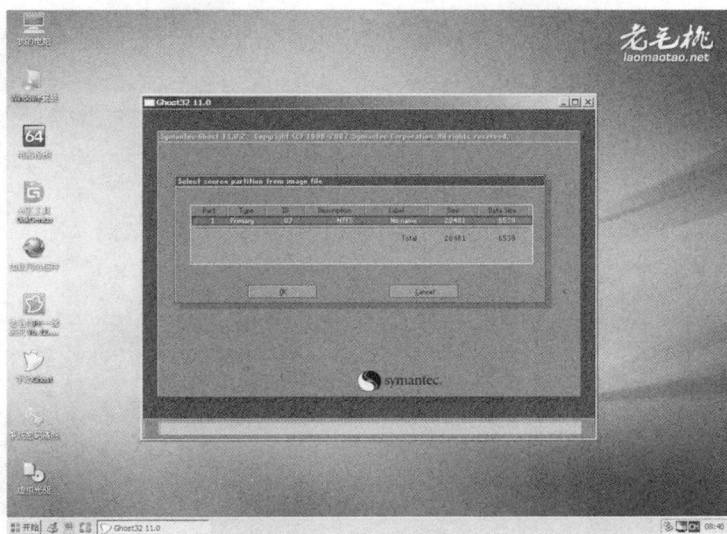

图 3 - 13 选择硬盘

步骤 15：选择硬盘"Drive 1"并点击"OK"按钮，如图 3 - 14 所示。

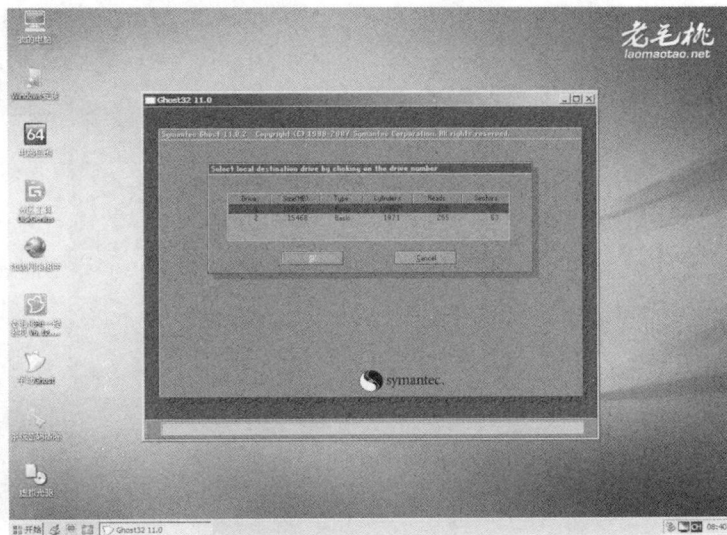

图 3 - 14 选择"Drive 1"

步骤16：选择"Part 1"并点击"OK"按钮，如图3-15所示。

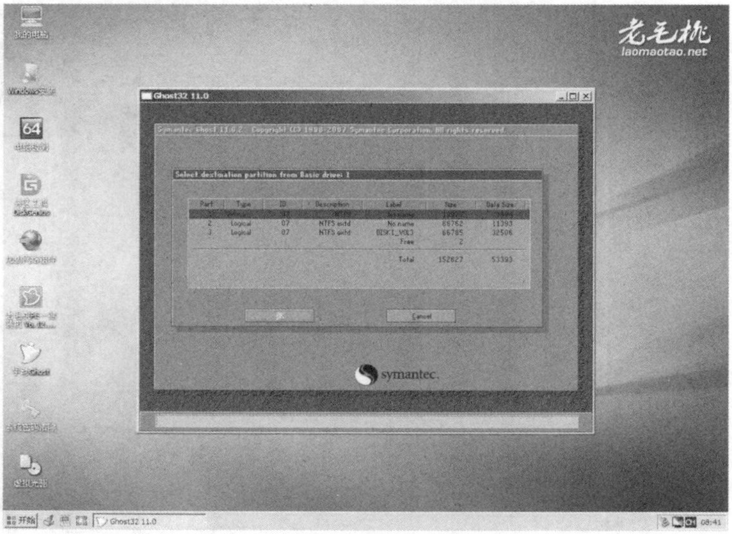

图3-15　选择"Part 1"

步骤17：点击"OK"按钮，如图3-16所示。

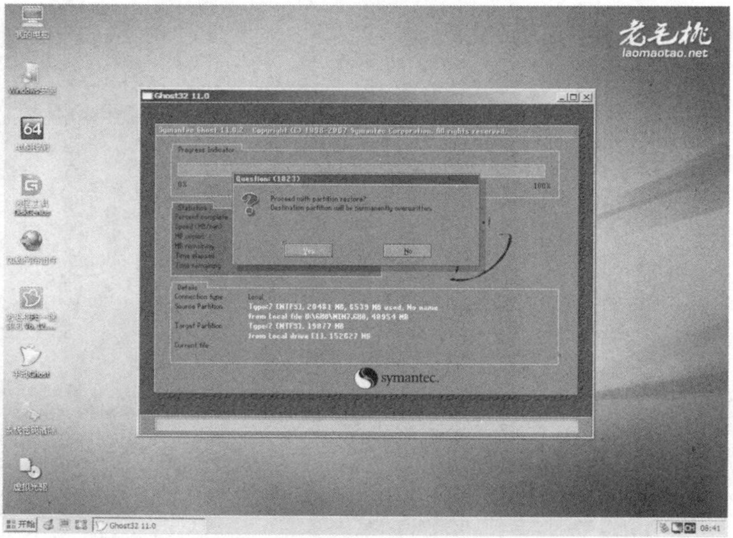

图3-16　选择"Yes"确认安装

步骤18：进入 WIN 7 系统的安装，如图 3 – 17 所示。

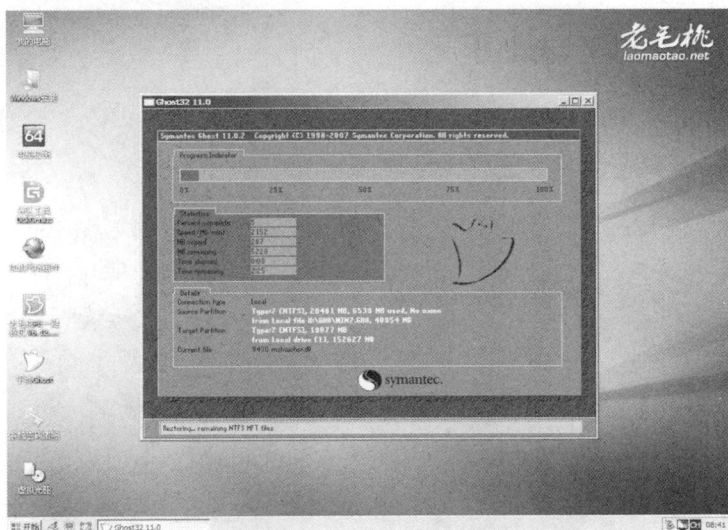

图 3 – 17　安装 WIN 7 系统

步骤19：正在安装界面，需等待几分钟，如图 3 – 18 所示。

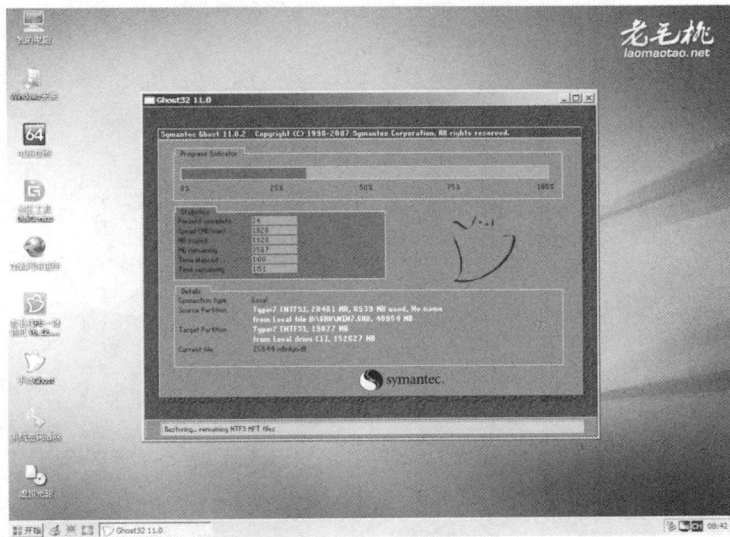

图 3 – 18　安装界面

步骤20：进度条到了100%时会弹出提示框，点"完成"并重启电脑。

步骤21：弹出"老毛桃"启动工具箱，选择"【12】尝试从本地硬盘启动"，启动后，耐心等待几分钟，WIN 7 系统会自动安装完成。

3.5　思考与练习

1. WIN 2008 SERVER 系统如何安装？
2. 尝试动手安装 WIN 8 系统。

项目4：网络设备认识、线缆制作及测试

4.1　项目提出

小李的公司来了一批实习生，想对公司的网络有所了解，于是小李带领实习生们进行了网络设备认识，并对线缆的制作进行了讲解。现在需要实现以下目标：

（1）进行线缆的制作与测试。

（2）掌握线缆的制作方法。

4.2　项目分析

线缆的制作和测试是了解网络设备必须懂的基础，对这些网络设备的认识也是最基本的东西，对以后更深入地学习网络和操作网络有很大的帮助。

4.3　知识探究

4.3.1　网络设备有哪些

不论是局域网、城域网还是广域网，在物理上通常都是由网卡、集线器、交换机、路由器、网线、RJ－45接头等网络连接设备和传输介质组成的。网络连接设备又包括中继器、网桥、路由器、网关、防火墙、交换机等。

4.3.2　常见网络设备

（1）网卡：计算机与网络相连的接口电路。主要功能是并行与串行数据的转化、网络信号的产生、数据包的装配和拆卸，数据的缓存及数据存取、控制等。

（2）集线器：一种多端口的中继器，是共享宽带式的，其宽带由它的端口平均分配。集线器上一般有Collision灯（淡黄色），由于以太网采用CSMA/CD协议，在传输过程中可能发生冲突，此时灯会闪烁。如果闪烁过于频繁，说明网络负载很重。

（3）交换机：又叫交换式集线器，可以想象成一台多端口的桥线器，每一个端口都有其专用的带宽，交换机和集线器都遵循IEEE802.3或IEEE802.3u，其介质存取方式都是CSMA/CD协议。它与集线器的区别在于前者是共享式，而交换机则是每个端口都有固定的带宽，传输速率不随计算机数目的增加而减缓，

其独特的 NWAY、全双工功能增加了交换机的使用范围和传输速度。现在交换机和集线器都普遍采用了自适应技术，可以自行适应 10 ~ 100Mbps，按照 100Mbps 全双工、100Mbps 半双工、10Mbps 全双工、10Mbps 半双工的顺序，自动以最高速率连接。

（4）中继器：中继器的主要作用是整形、放大在传输介质上的信号，以便远距离传输。

（5）网桥：其主要作用是连接使用相同协议、传输介质和寻址方式的网络。网桥可以连接不同类型的局域网，具有信号过滤的功能，也可以把一个大网分成多个子网，均衡各网段的负荷，提高网络性能。

（6）路由器：其主要作用是连接局域网和广域网，有判断网络地址和选择路径的功能。它的主要工作是为经过路由器的报文寻找一条最佳路径，并将数据传输到目标站点。路由器的基本功能是把数据传输到正确的网络。路由器工作在网络层。

（7）网关：用于不同网络之间的连接，为网络间提供协议转换，并将数据重新分组后传送。

（8）调制解调器：实现模拟信号和数字信号的转换。

4.4　项目实现

4.4.1　网络设备的认识

1. 任务目标
（1）认识网络设备。
（2）实际观察交换机、路由器等设备的外观，识别这些设备的网络连接接口。

2. 任务所需设备
Catalyst 2912 交换机、集线器、Cisco 2620 路由器、PC 机、CAT5UTP（直通线、交叉线、反转线）若干、DTE/DCE 电缆。

3. 任务实施步骤
第一，认识路由器（Cisco 2620）、交换机（Catalyst 2912）、集线器的指示灯、端口及其连线。
步骤 1：认识路由器的接口和指示灯。
Cisco 2620 路由器前面板如图 4 - 1 所示，从左到右依次为电源指示灯、远程电源供应指示灯、活动指示灯。

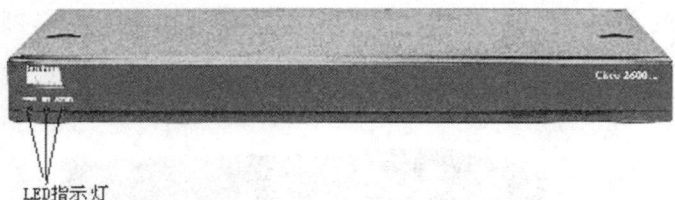

LED指示灯

图 4 - 1 路由器前面板

Cisco 2620 路由器后面板如图 4 - 2 所示。

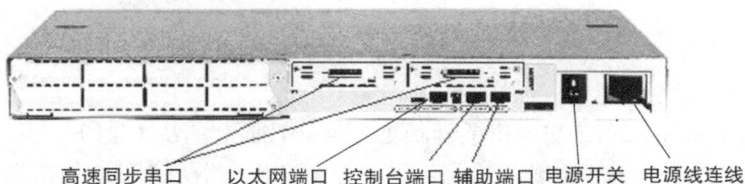

高速同步串口 以太网端口 控制台端口 辅助端口 电源开关 电源线连线

图 4 - 2 路由器后面板

　　路由器接口主要用来将路由器连接到网络，它分为局域网接口和广域网接口两种。由于路由器型号不同，接口个数和类型也不一样。常见的接口主要有以下几种：

　　（1）高速同步串口：可连接 DDN（Digital Data Network，数字数据网）、帧中继（Frame Relay）、X. 25、PSTN（模拟电话线路）。

　　（2）同步/异步串口：可用软件将端口设置为同步工作方式。

　　（3）AUI 接口：即粗缆口。一般需要外接转换器（AUI-RJ 45）连接 10Base-T 以太网络。

　　（4）ISDN 接口：可以连接 ISDN 网络（2B + D），可作为局域网接入 Internet 之用。

　　（5）AUX 接口：该端口为异步端口，主要用于远程配置，也可用于拨号备份，可与调制解调器连接。支持硬件流控制（Hardware Flow Control）。

　　（6）Console 接口：该端口为异步端口，主要连接终端或运行终端仿真程序的计算机，在本地配置路由器。不支持硬件流控制。

　　（7）Ethernet 接口：用来连接以太网。有的路由器还有 FastEthernet（快速以太网）端口。

　　在路由器配置时要引用一个端口，可直接引用其接口号。引用的形式用于指定一个特定的端口：Interface type slot#/port#。其中，Interface type 表示接口类型；slot#表示插槽号；port#表示某一插槽中的端口号。例如：FastEthernet 0/0。

步骤 2：认识交换机的端口和指示灯，Catalyst 2900 系列交换机如图 4 - 3 所示。

图 4 - 3　Catalyst 2900 **系列机**

Catalyst 2912 交换机前面板如图 4 - 4 所示。从上到下，从左往右依次是系统指示灯、远程电源供应指示灯、交换机状态指示灯、交换机利用率指示灯、模式按钮指示灯、接口双工指示灯、接口速度指示灯。自适应的 Ethernet 接口，可用来连接有 10/100bps 或者是 10/100/1000bps 以太网接口的设备。

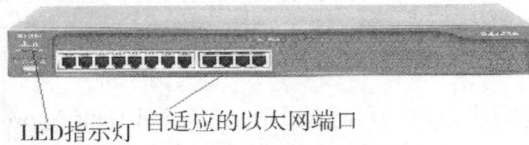

LED指示灯　自适应的以太网端口
图 4 - 4　Catalyst 2912 **交换机前面板**

Catalyst 2912 交换机后面板如图 4 - 5 所示。

电源连线　　　　　　　　　　　　　　Console端口
图 4 - 5　Catalyst 2912 **交换机后面板**

Console 接口：该接口为异步端口，主要连接终端或运行终端仿真程序的计算机，在本地配置路由器。支持硬件流控制。

步骤 3：认识集线器的端口，如图 4 - 6 所示。

Uplink端口

图 4 - 6　集线器端口

一般的集线器至少有一个 Uplink 接口，其余接口均为带 x 标识的或不带 x 标识的接口，当集线器的端口与其他设备的端口相连时，如果两个端口上都标有 x 或者都没标 x 则使用交叉线，否则使用直通线连接。

级联是另一种集线器端口扩展方式，它是指使用集线器普通的或特定的端口来进行集线器间的连接。所谓普通端口就是通过集线器的某一个常用端口进行连接，而特定端口就是集线器为级联专门设计的一种"级联端口"，一般都标有"Uplink"字样。因为有两种级联方式，所以事实上所有的集线器都能够进行级联。下面来分别看看这两种级联方式：①利用直通的双绞线将 Uplink 端口连接至其他集线器上除"Uplink 端口"外的任意端口。②通过集线器的普通端口进行级联，不过要注意的是，这时所用的连接双绞线要用交叉线。

集线器级联方式①如图 4 - 7 所示。

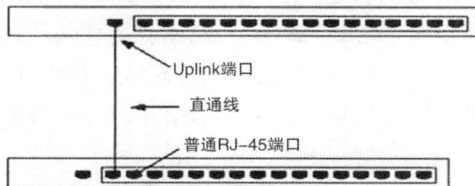

Uplink端口

直通线

普通RJ-45端口

图 4 - 7　集线器级联方式①

交叉连接的方法就是一端的第 1 - 3 与 2 - 6 脚下对调，集线器级联方式②如图 4 - 8 所示。

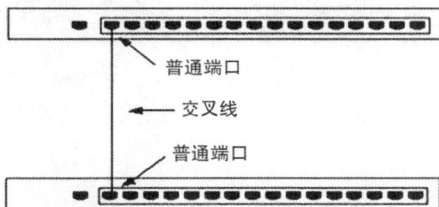

普通端口

交叉线

普通端口

图 4 - 8　集线器级联方式②

第二，认识各种线缆。

步骤 1：认识直通线、交叉线，做好接头的双绞线。

图 4 - 9　双绞线

直通双绞线的线序遵循 EIA/TIA568B 标准，按顺序（左起：白橙→橙→白绿→蓝→白蓝→绿→白棕→棕）进行排列，如果是交叉线就按照 EIA/TIA568A 规格（左起：白绿→绿→白橙→蓝→白蓝→橙→白棕→棕）进行排列并整理好，通常我们制作直通线或交叉线都会贴上标签。

直通线用于下列设备连接：交换机到路由器、交换机到 PC 或服务器、集线器到 PC 或服务器。

交叉线用于下列设备连接：交换机到交换机、交换机到集线器、集线器到集线器、路由器到路由器、PC 到 PC、路由器到 PC。

步骤 2：认识反转线，做好接头的反转线，如图 4 - 10 所示。RJ - 45 到 DB - 9 适配器图，如图 4 - 11 所示，接计算机串口一侧。RJ - 45 到 DB - 9 适配器，如图 4 - 12 所示，接反转线一侧。

图 4 - 10　反转线

图 4 – 11　RJ – 45 到 DB – 9 适配器
（接计算机）

图 4 – 12　RJ – 45 到 DB – 9 适配器
（接反转线）

图 4 – 13　连接了适配器的反转线

　　连接了适配器的反转线如图 4 – 13 所示。反转线缆也称控制线，线缆两端的线序相反。反转线一端通过 RJ – 45 到 DB – 9 适配器连接计算机（通常称为终端）的串行口。通常情况下，在交换机（或路由器）的包装箱中都会随机赠送一条 Console（控制台）线和相应的 DB – 9 或 DB – 25 适配器。

　　步骤 3：DTE/DCE 连接线缆如图 4 – 14 所示。

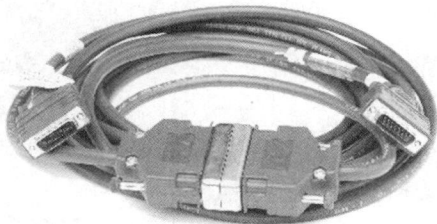

图 4 – 14　DTE/DCE 连接线缆

　　所谓的 DTE 是用户设备的终端点，DCE 用于将来自 DTE 的用户数据从 DTE

转换为提供广域网服务的设备所能接收的形式，在实验中，一般情况下是用来连接两台路由器。其中一台为 DTE，另一台为提供时钟的 DCE。通常，DCE 设备提供到网络的物理连接、转发流量，并提供用于同步 DCE 和 DTE 设备间数据传输的定时信号。

4.4.2　网线的制作和测试

1. 任务目标

（1）掌握直通线和交叉线的制作和测试方法。

（2）了解标准 568A 与 568B 网线的线序。

2. 任务所需设备

非屏蔽双绞线，卡线钳，RJ – 45 连接件（常称为水晶头），电缆测试仪。

3. 任务实施步骤

步骤 1：剥线。

剥线就是利用压线钳剥线刃口将双绞线的外皮除去 5cm 左右。剥线在网线的制作过程中是一个难点，在剥双绞线外皮时，手握压线钳的力度要适当，如果剥线刀刃口间隙过小，就会损伤内部线芯，甚至会把线芯剪断；如果剥线刀刃口间隙过大，就不能割断双绞线的外皮，如图 4 – 15 所示。

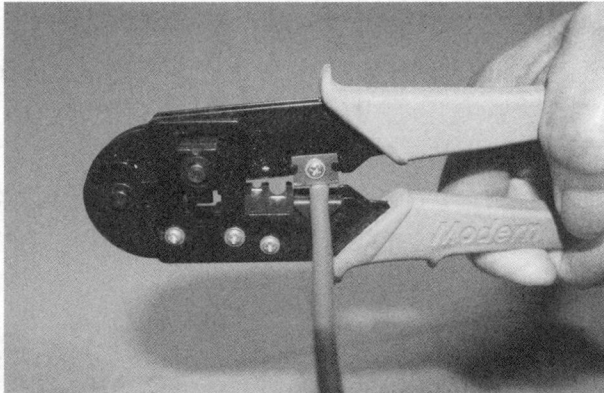

图 4 – 15　剥线

步骤 2：理线。

理线就是把剥好的双绞线里的 4 股 8 根线芯整理好，如果是制作直通线就是两端按照 EIA/TIA568B 规格（左起：白橙→橙→白绿→蓝→白蓝→绿→白棕→棕）排列并整理好。如果是制作交叉线就是一端按照 EIA/TIA568A 规格（左起：白绿→绿→白橙→蓝→白蓝→橙→白棕→棕），另一端按照 EIA/TIA568B 规格

（左起：白橙→橙→白绿→蓝→白蓝→绿→白棕→棕）排列并整理好，如图
4－16所示。

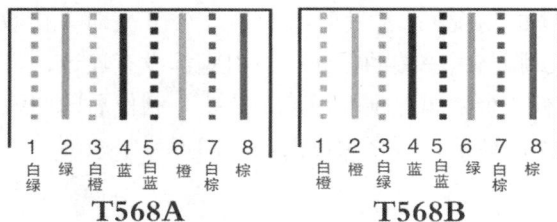

1	2	3	4	5	6	7	8
白绿	绿	白橙	蓝	白蓝	橙	白棕	棕

T568A

1	2	3	4	5	6	7	8
白橙	橙	白绿	蓝	白蓝	绿	白棕	棕

T568B

图4－16 理线

步骤3：插线。

在插线前用压线钳的切线刃口在剥线的1.2cm处将线切齐。一只手捏住水晶头（水晶头有弹片的一侧向下，进线口朝向身里时导体簧片从左到右的顺序为1~8），另一只手捏平双绞线，稍稍用力将排好的线平行插入水晶头内的线槽中，8条导线顶端应插入线槽顶端。

步骤4：压线。

确认所有导线都到位后，将水晶头放入压线钳夹槽中，用力捏几下压线钳，压紧线头即可，如图4－17所示。

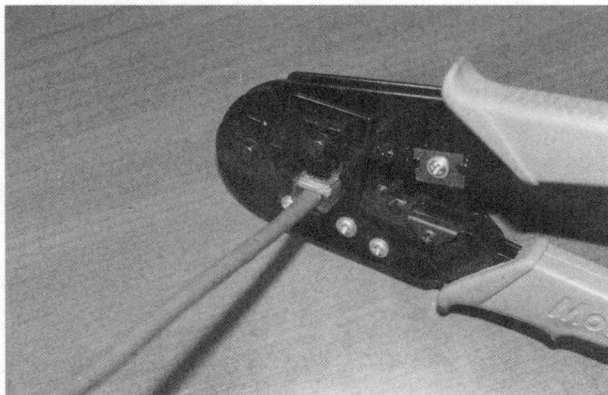

图4－17 压线

步骤5：检测。

这里用的是电缆测试仪，测试仪分为信号发射器和信号接收器两部分，各有8盏信号灯。测试时将双绞线两端分别插入信号发射器和信号接收器，打开电源。如果制作的直通线成功的话，则发射器和接收器上同一条线对应的指示灯会亮起来，依次从1号到8号。如果制作的交叉线成功的话，则是1号和3号对应

着亮，2 号和 6 号对应着亮，其余的一一对应。

　　如果网线制作有问题，灯亮的顺序就不可预测。比如：若发射器的第一个灯亮时，接收器第七个灯亮，则表示线序错了（不论是直通线还是交叉线，都不可能有 1 对 7 的情况）；若发射器的第一个灯亮时，接收器却没有任何灯亮起，那表示这只引脚与另一端的任何一只引脚都没有连通，可能是导线中间断了，或是两端至少有一个金属片未接触该条芯线。制作后的网线一定要经过测试，否则断路会导致无法通信，短路则可能损坏网卡或集线器。

4.5　思考与练习

1. 怎样构建本地配置路由器的环境？
2. 如果两个接头的线序发生同样的错误，网线还能用吗？
3. 给出反转线的制作和测试方法。

项目 5：家庭路由器的设置及 WIFI 搭建

5.1 项目提出

小李的公司主管王经理刚搬了新房，装了宽带，有 2 台电脑要联网，笔记本有时也需要用网络。现在需要实现以下目标：

（1）设置家庭路由器。

（2）掌握 WIFI 搭建的方法。

5.2 项目分析

新房装了宽带，一般家里都有 2 至 3 台台式电脑，还有笔记本等，要用路由器来连接网络，手机要上网一般都要设置 WIFI。

5.3 知识探究

家庭路由器的主要特点：

1. 共享 Internet 网络

兼容各种宽带接入商提供的接入方式，例如：以太网、xDSL 或者 Cable Modem。

2. 使用方便，管理简单

全中文的配置环境，通过 WEB 界面设置和管理，提供快速设置、设置向导功能，只需简单操作，即可设置完成，实现家庭多台电脑同时上网。

3. 灵活的上网控制

能针对不同的计算机配置不同的上网策略，支持网站地址过滤功能，有效限制家庭成员对不安全、不健康网站的访问，并管理家中电脑上网的时间范围。

4. 处理能力

高性能的处理器，具备杰出的吞吐量和强劲的负载能力，能完全保证网络中实时应用的质量（比如语音、视频应用，在线电影，网络游戏等）。

5. 各种网络应用

支持 UPnP、DHCP 服务端、DNS、DDNS（动态域名解析）、NTP（网络时间）等功能，完善地支持各种语音、视频聊天，各种网络游戏等 Internet 的网络应用。支持 IPSec、L2TP、PPTP 等传统 VPN 业务的透传，使家庭办公也能够安全可靠。

6. 保护家庭网络安全

可避免家里的电脑直接暴露在 Internet 网络中。提供主流的防黑客攻击保护，能够抵御各种黑客攻击和常见病毒入侵，使家庭上网更加安全。

5.4 项目实现

5.4.1 设置家庭路由器

1. 任务目标

设置家庭路由器。

2. 任务所需设备

TP－LINK 家庭路由器一台。

3. 任务实施步骤

步骤 1：打开"本地连接"→"属性"设置，如下图的 IP（注意：下面的 DNS 地址是以广东电信的网络为例），如果路由不一样，那么，第一行的 IP 地址也不一样，这里以广东 192.168.1.2 为例，如图 5－1 所示。

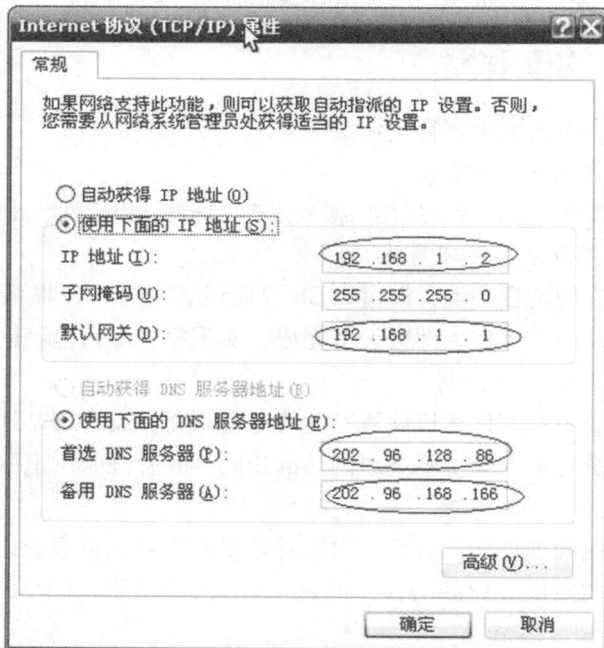

图 5－1　"本地连接""属性"设置

步骤 2：在浏览器地址栏输入 192.168.1.1，如果连接不上，就试 192.168.0.1（注意：如果把第一步的地址设置错了也有可能连接不上，这个试一下就知道了）。输入用户名和密码（默认的用户名是 admin，密码也是 admin），如图 5－2 所示。

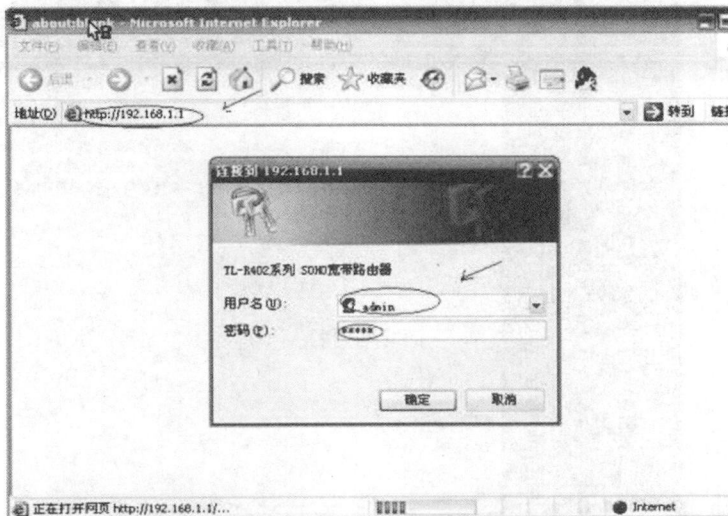

图 5 – 2 登录路由器

步骤 3：按提示一步一步往下操作，如图 5 – 3 至 5 – 7 所示。

图 5 – 3 "设置向导"界面

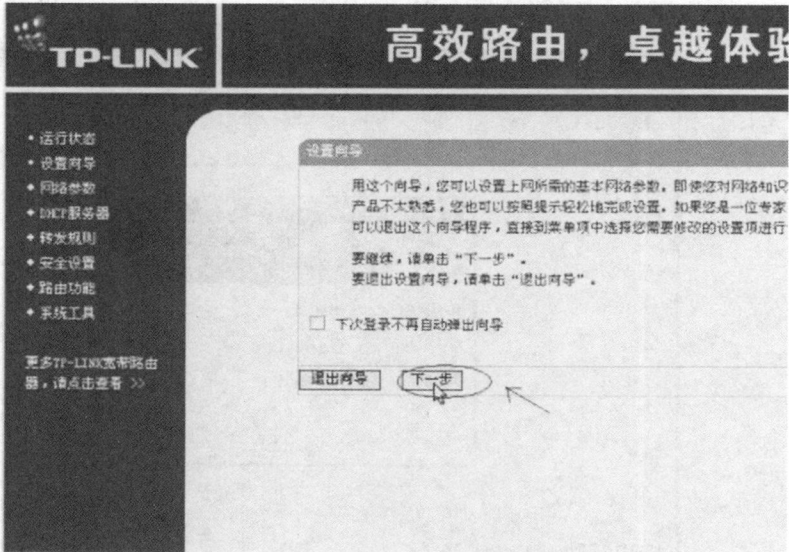

图 5 - 4　点击"下一步"

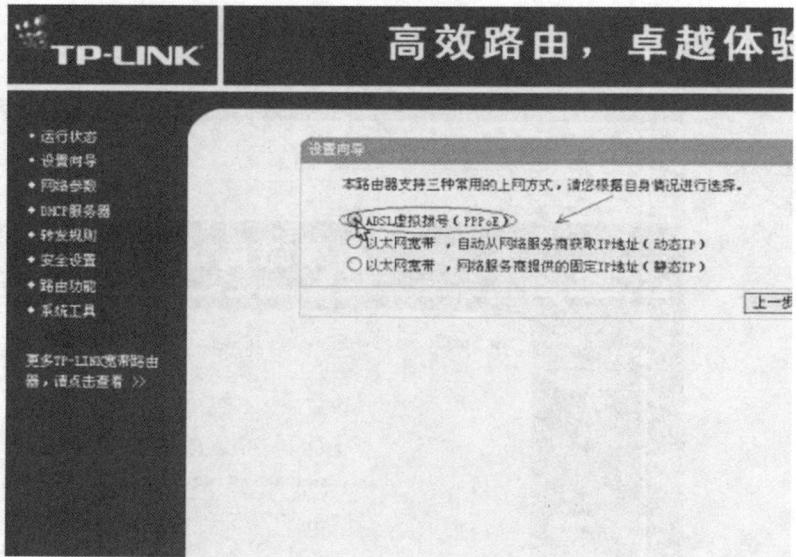

图 5 - 5　选择"ADSL 虚拟拨号（PPPoE）"

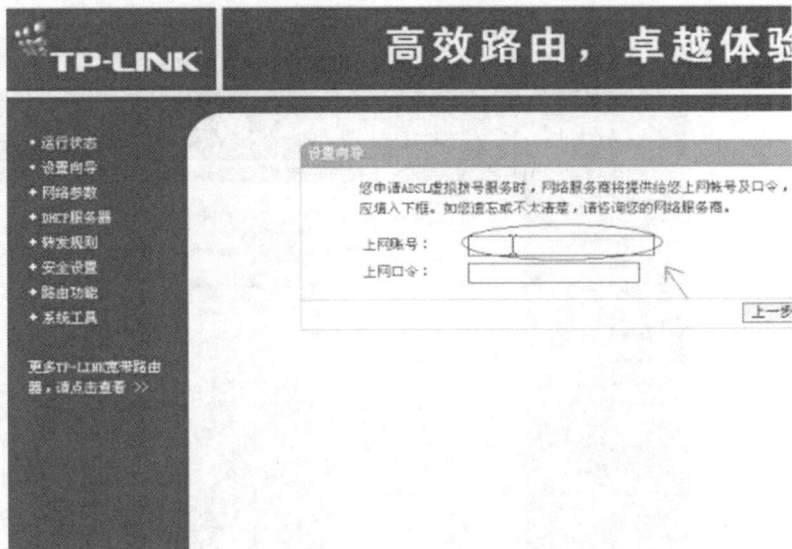

图 5-6　填写"上网账号"及"上网口令"

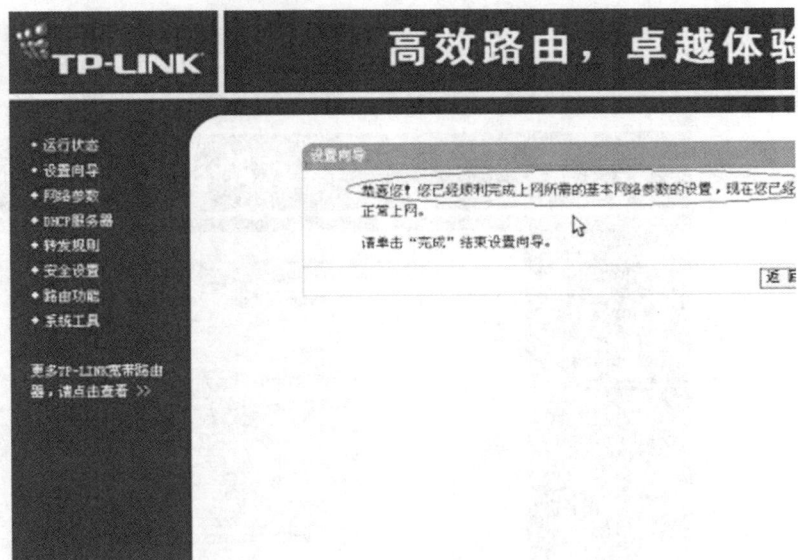

图 5-7　"设置向导"完成

步骤4：查看网络参数，如图5-8所示。

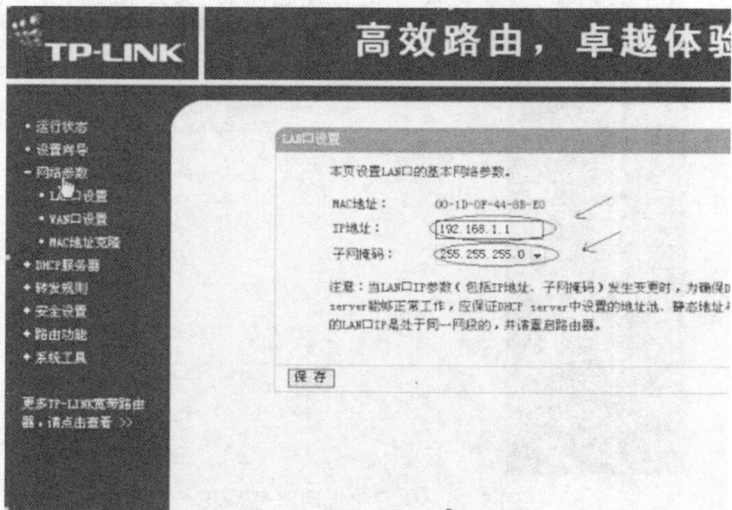

图5-8 查看网络参数

步骤5：设置DHCP服务（自动分配IP用），如图5-9所示。

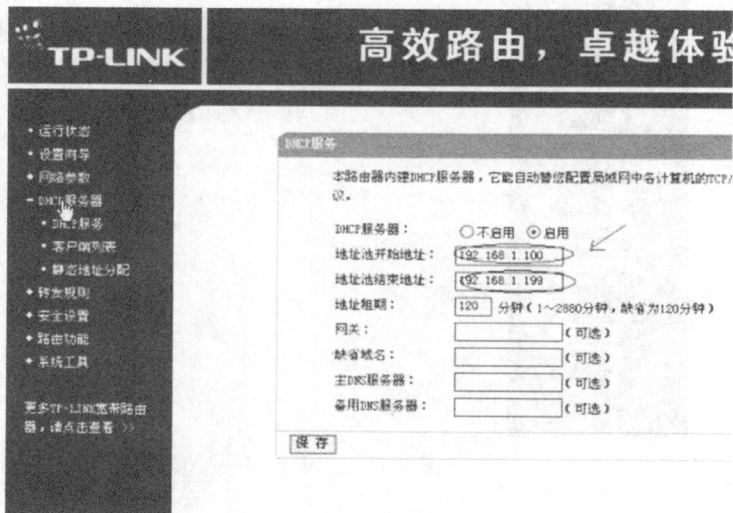

图5-9 设置DHCP服务

最后查看（这个时候把路由器断电一下再重新启动）是否连接成功（没有连接上的，要检查一下有没有开调制解调器），如图5-10所示。

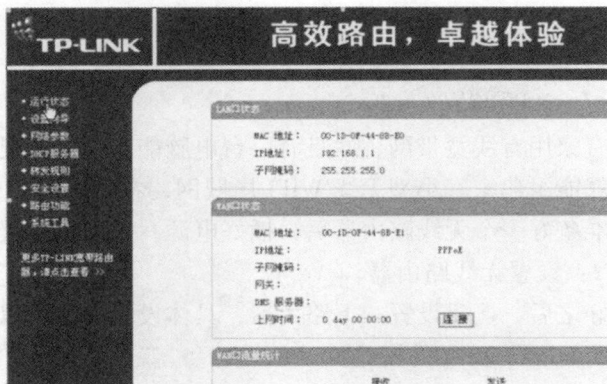

图 5 - 10 查看运行状态

5.4.2 搭建 WIFI

很多家庭不但有台式电脑，还有笔记本电脑、平板电脑和智能手机等网络设备，普通的家用宽带只能接一台电脑上网，因为宽带"猫"只有一个网线端口，也没有无线网络，所以家庭网络设备多了，就需要安装无线路由器，组建小型家庭无线 WIFI 局域网，让所有的设备都共享上网，普通的家用无线路由器有四个网线端口，并且发射 WIFI 无线信号，可以支持四台电脑的有线宽带连接和多台平板电脑、笔记本电脑、手机等设备无线上网。

1. 任务目标

搭建 WIFI。

2. 任务所需设备

无线路由器一个。

小型家庭无线 WIFI 局域网如图 5 - 11 所示。

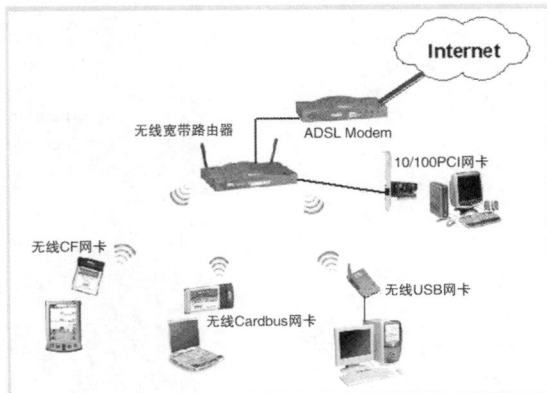

图 5 - 11 小型家庭无线 WIFI 局域网

3. 任务实施步骤

步骤1：安装无线路由器。

在原有家用有线宽带网，并且有一台电脑能上网的情况下，用户增加一个无线路由器就能组建家庭小型无线 WIFI 局域网，在网内可以让多台电脑或手机共享上网。准备好一个无线路由器后，插好电源，用网线连接好设备。

步骤2：设置无线路由器。

安装好之后，还要设置一下路由器，具体设置方法可以参考产品说明书。

步骤3：完成 WIFI 的搭建。

设置好路由器就可以上网了，无线上网的话，手机和平板电脑等设备不能距离无线路由器太远，否则信号会减弱，甚至无信号。

5.5 思考与练习

1. 试一试，动手设置家庭路由器的密码。
2. 一个有线路由器可以接一个无线路由器吗？如何进行无线路由器的设置？

第二编

公司局域网组建

项目 6: 思科模拟器 Packet Tracer 的使用

6.1 项目提出

小李是公司的网络管理员, 平时上班要处理的网络故障都是很急的, 为了提高自己的网络水平, 小李在家里用思科模拟器 Packet Tracer 来练习。现在需要实现以下目标: 掌握思科模拟器 Packet Tracer 的使用。

6.2 项目分析

随着计算机及网络技术的迅猛发展, 计算机网络及应用已经渗透到社会各个领域, 并影响和改变着人们的生活和工作方式。在计算机网络化的今天, 学习和掌握网络技术显得至关重要。通过思科 Packet Tracer 软件的模拟演练, 能够快速地学习和掌握网络方面的相关知识。

6.3 知识探究

思科 Packet Tracer 是由思科公司发布的一个辅助学习工具, 为学习思科网络课程的初学者设计、配置、排除网络故障提供了网络模拟环境。用户可以在软件的图形用户界面上直接使用拖曳方法建立网络拓扑, 并可提供数据包在网络中行进的详细处理过程, 观察网络实时运行情况。可以学习 IOS 的配置、锻炼故障排查能力。

Packet Tracer 是一个功能强大的网络仿真程序, 允许学生实验与进行网络行为, 问 "如果" 的问题。它是网络技术学院的全面的学习经验的一个组成部分, 其提供的仿真、可视化、编辑、评估和协作功能, 有利于教学和复杂的技术概念的学习。

Packet Tracer 是允许学生在课堂上用的补充物理设备, 一个近乎无限数量的创建网络, 鼓励实践、发现和故障排除。创设基于仿真的学习环境, 帮助学生发展如决策技能、创造性和批判性思维、解决问题的能力。Packet Tracer 补充的网络学院的课程, 使教师能更容易展现出复杂的技术概念和网络系统的设计。

6.4 项目实现

1. 任务目标

掌握思科模拟器 Packet Tracer 的使用。

2. 任务所需设备

硬件：电脑一台；软件：Packet Tracer 5.0。

3. 任务实施步骤

步骤 1：首先来认识一下 Packet Tracer 5.0 的基本界面。

打开 Packet Tracer 5.0 时，Packet Tracer 5.0 基本界面如图 6-1 所示。

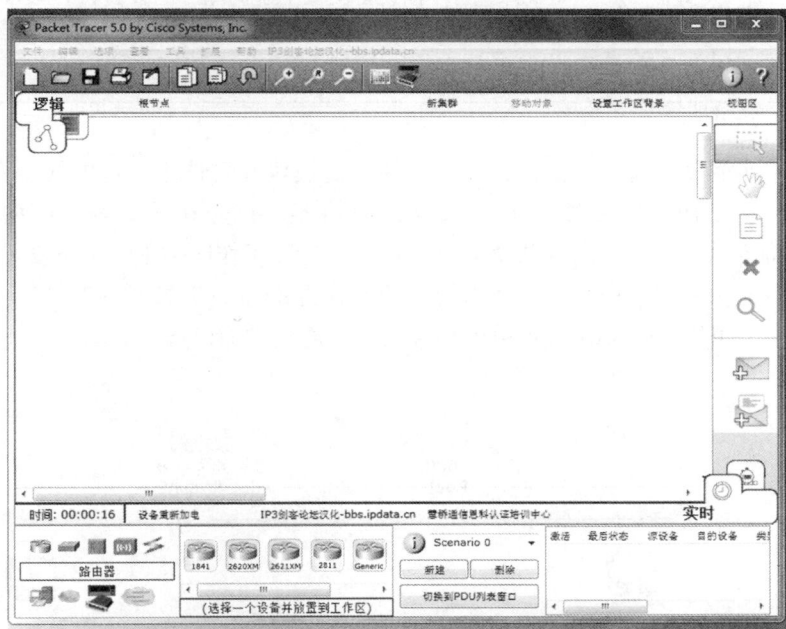

图 6-1 Packet Tracer 5.0 基本界面

表 6-1 Packet Tracer 5.0 基本界面介绍

1	菜单栏	此栏中有文件、选项和帮助按钮，在此可以找到一些基本的命令，如打开、保存、打印和选项设置，还可以访问活动向导。
2	主工具栏	此栏提供了文件按钮中命令的快捷方式，还可以点击右边的网络信息按钮，为当前网络添加说明信息。
3	常用工具栏	此栏提供了常用的工作区工具，包括：选择、整体移动、备注、删除、查看、添加简单数据包和添加复杂数据包等。

（续上表）

4	逻辑/物理工作区转换栏	可以通过此栏中的按钮完成逻辑工作区和物理工作区之间的转换。
5	工作区	此区域中我们可以创建网络拓扑，监视模拟过程，查看各种信息和统计数据。
6	实时/模拟转换栏	通过此栏中的按钮完成实时模式和模拟模式之间的转换。
7	网络设备库	此库包括设备类型库和特定设备库。
8	设备类型库	此库包含不同类型的设备，如路由器、交换机、HUB、无线设备、连线、终端设备和网云等。
9	特定设备库	此库包含不同设备类型中不同型号的设备，它随着设备类型库的选择级联显示。
10	用户数据包窗口	此窗口管理用户添加的数据包。

步骤2：选择设备，为设备选择所需模块并且选用合适的线型互连设备。

在工作区中添加一个2620 XM路由器。首先在设备类型库中选择路由器，在特定设备库中单击2620 XM路由器，然后在工作区中单击一下就可以把2620 XM路由器添加到工作区中了。用同样的方式再添加一个2950 - 24交换机和两台PC。注意，可以按住Ctrl键再单击相应设备以连续添加设备，如图6 - 2所示。

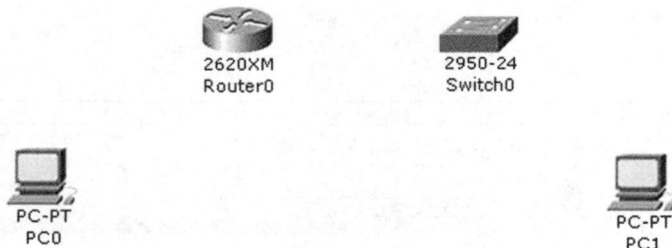

图6 - 2　选择设备

接下来要选取合适的线型将设备连接起来。可以根据设备间的不同接口选择特定的线型来连接，当然，如果只是想快速地建立网络拓扑而不考虑线型选择时，可以选择自动连线，如图6 - 3所示。

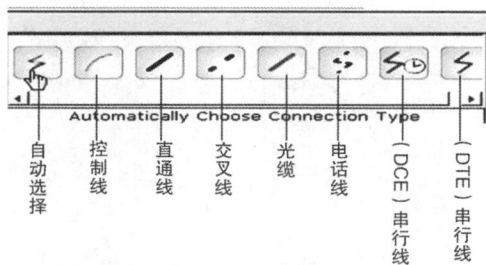

图 6 – 3 连接设备

在正常连接 Router0 和 PC0 后，再连接 Router0 和 Switch0，提示出错，如图
6 – 4 所示。

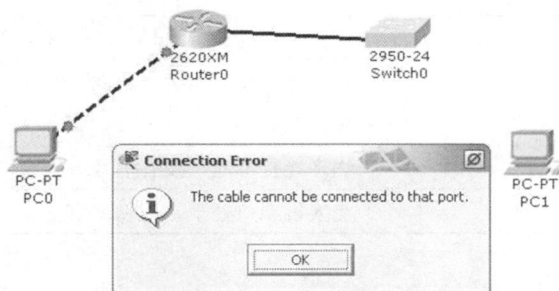

图 6 – 4 连接 Router0 和 Switch0

出错的原因是 Router 上没有合适的端口，如图 6 – 5 所示。

图 6 – 5 Router 端口

默认的 2620 XM 有三个端口，刚才连接 PC0 已经被占去了 ETHERNET 0/0，
CONSOLE 口和 AUX 口，显然不能连接交换机，所以会出错，故需要在设备互连
前添加所需的模块（添加模块时注意要关闭电源），即为 Router0 添加 NM – 4E
模块（将模块添加到空缺处即可，删除模块时将模块拖回到原处即可）。模块化
增强了思科设备的可扩展性，然后继续完成设备连接，如图 6 – 6 所示。

49

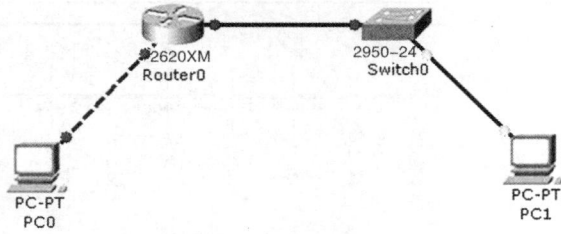

图 6－6　继续完成设备连接

我们看到各线缆两端有不同颜色的圆点，它们分别表示什么样的含义呢？如表 6－2 所示。

表 6－2　线缆两端亮点含义

链路圆点的状态	含义
亮绿色	物理连接准备就绪，还没有 Line Protocol Status 的指示
闪烁的绿色	连接激活
红色	物理连接不通，没有信号
黄色	交换机端口处于"阻塞"状态

线缆两端圆点的不同颜色将有助于我们进行连通性故障的排除。

步骤 3：配置不同设备。

我们配置一下 Router0，在 Router0 上单击打开设备配置对话框，如图 6－7 所示。

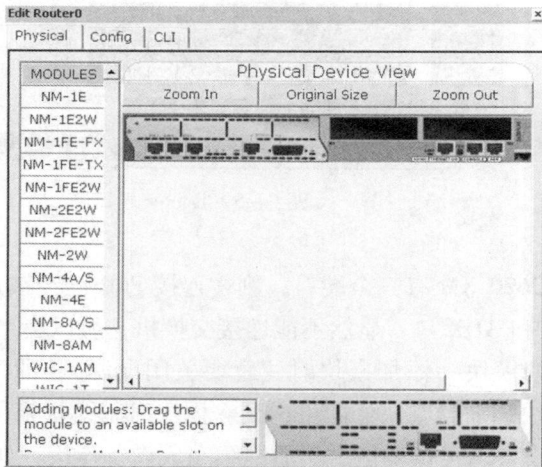

图 6－7　设备配置对话框

Physical 选项卡用于添加端口模块，刚刚我们已经介绍过了，至于各模块的详细信息，可以参考帮助文件。

这里主要介绍一下 Config 选项卡和 CLI 选项卡，如图 6-8 所示。

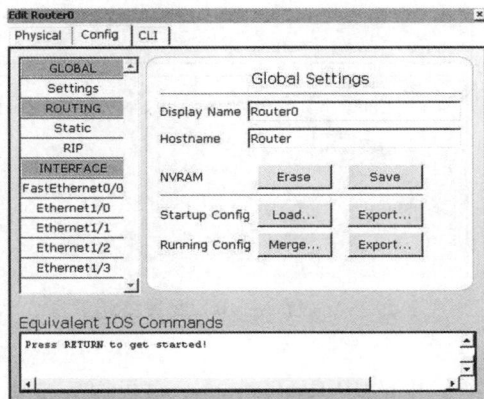

图 6-8　模块选项卡

Config 选项卡给我们提供了简单配置路由器的图形化界面，在这里我们可以知道全局信息、路由信息和端口信息。当进行某项配置时下面会显示相应的命令。这是 Packet Tracer 中的快速配置方式，主要用于简单配置，将注意力集中在配置项和参数上，实际设备中没有这样的方式。

对应的 CLI 选项卡则是在命令行模式下对 Router0 进行配置，这种模式和实际路由器的配置环境相似。

我们配置一下 FastEthernet 0/0 端口，如图 6-9 所示。

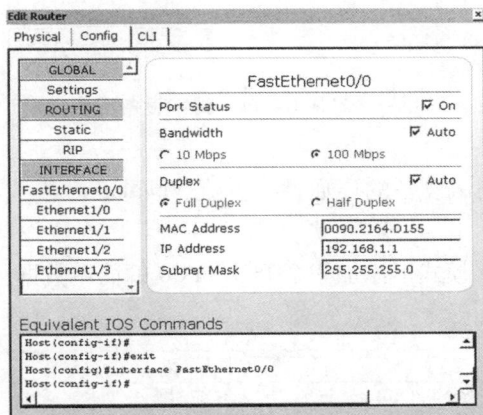

图 6-9　配置 FastEthernet 0/0 端口

下面我们来看一下终端设备的配置，单击 PC0 打开配置对话框，在 Config 选项卡中配置默认网关和 IP 地址，分别为 192.168.1.1，192.168.1.2，255.255.255.0，如图 6-10 所示。

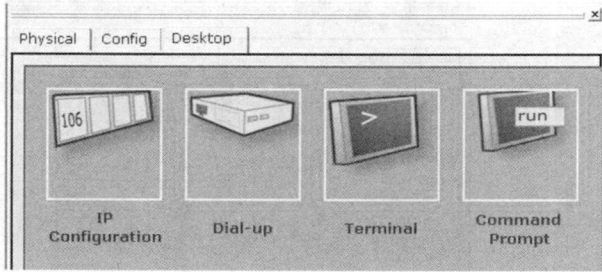

图 6-10　配置终端设备

Desktop 选项卡中的 IP Configuration 也可以完成默认网关和 IP 地址的设置。Terminal 选项模拟一个超级终端对路由器或者交换机进行配置。Command Prompt 相当于计算机中的命令窗口。

我们用类似的方法配置 Router0 上 Ethernet 1/0 （192.168.2.1，255.255.255.0）和 PC1 （192.168.2.2，255.255.255.0 ，默认网关为 192.168.2.1）。

配置完成后我们发现所有的圆点已经变为闪烁的绿色，如图 6-11 所示。

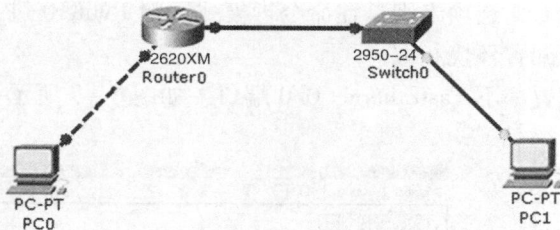

图 6-11　终端设备配置完成

步骤 4：测试设备的连通性，并在 Simulation 模式下跟踪数据包，查看数据包的详细信息。

在 Realtime 模式下添加一个 PC1→PC0 的简单数据包，结果如图 6-12 所示。

Fire	Last Status	Source	Destination	Type	Color	Time (sec)	Periodic	Num	Edit	Delete
●	Successful	PC1	PC0	ICMP	■	0.000	N	0	(edit)	(delete)

图 6-12　添加简单数据包

Last Status 的状态是 Successful，说明 PC1 到 PC0 的链路是通的。

下面我们在 Simulation 模式下跟踪一下这个数据包，如图 6 – 13 所示。

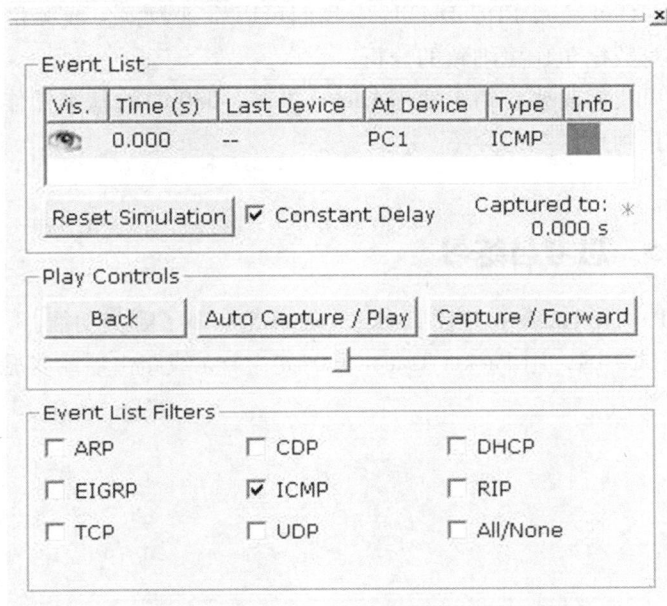

图 6 – 13　跟踪数据包

点击 Capture/Forward 会产生一系列的事件，这一系列的事件说明了数据包的传输路径，如图 6 – 14 所示。

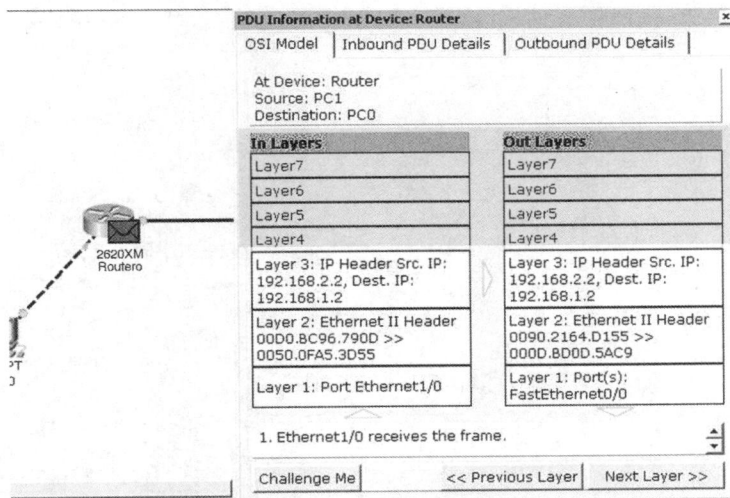

图 6 – 14　PDU 事件信息

　　点击 Router0 上的数据包，可以打开 PDU Information 对话框，在这里我们可以看到数据包在进入设备和退出设备时 OSI 模型上的变化，在 Inbound PDU Details 和 Outbound PDU Details 中我们可以看到数据包或帧格式的变化，这有助于我们对数据包作更细致的分析。

　　这里我们简要介绍了使用 Packet Tracer 5.0 时的基本操作，大家可以在帮助文件中找到更详细的介绍。

6.5　思考与练习

1. Packet Tracer 6.0 比 Packet Tracer 5.0 多了哪些功能？
2. 试一试，用 Packet Tracer 5.0 做一个无线路由器的实验。

项目 7：配置交换机

7.1 项目提出

小李公司的网络需要扩大，新购买了一台交换机。为了操作上的熟练，小李先在家里用模拟软件操作练习。现在需要实现以下目标：

（1）配置交换机。

（2）通过对交换机设备的几种配置手段、配置模式和基本配置命令的认识，获得交换机的基本使用能力。

7.2 项目分析

交换机的配置是网络的操作基础，用思科模拟软件可以轻松掌握交换机的配置。

7.3 知识探究

7.3.1 交换机定义

交换（Switching）是按照通信两端传输信息的需要，用人工或设备自动完成的方法，把要传输的信息送到符合要求的相应路由上的技术的统称。根据工作位置的不同，交换机可以分为广域网交换机和局域网交换机。广域的交换机（Switch）就是一种在通信系统中完成信息交换功能的设备，它应用在数据链路层。交换机有多个端口，每个端口都具有桥接功能，可以连接一个局域网或一台高性能服务器或工作站。实际上，交换机有时被称为多端口网桥。

在计算机网络系统中，交换概念的提出改进了共享工作模式。而 HUB 集线器就是一种物理层共享设备，HUB 本身不能识别 MAC 地址和 IP 地址，当同一局域网内的 A 主机给 B 主机传输数据时，数据包在以 HUB 为架构的网络上是以广播方式传输的，由每一台终端通过验证数据报头的 MAC 地址来确定是否接收。也就是说，在这种工作方式下，同一时刻网络上只能传输一组数据帧的通信，如果发生碰撞还得重试。这种方式就是共享网络带宽。通俗地说，普通交换机是不带管理功能的，一根进线，其他接口接到电脑上就可以了。

然而今天，交换机更多地以应用需求为导向，在选择方案和产品时用户还非常关心如何有效地保证投资收益。在用户提出需求后，由系统集成商或厂商来为其提供相应的服务，然后再去选择相应的技术。这点在网络方面表现尤其明显，广大用户，不论是重点行业用户还是一般的企业用户，在应用 IT 技术方面更加明智，也更加稳健。此外，宽带的广泛应用、大容量视频文件的不断涌现等都对网络传输的中枢——交换机的性能提出了新的要求。

据《2013—2018 年中国交换机市场竞争格局及投资前景评估报告》显示，随着网络的发展从技术驱动应用转为从应用选择技术，网络的融合也从理论走向实践，网络的安全性越来越受到重视。而交换网络的智能化提供了解决这些问题的方法。网络将在综合应用、速度和覆盖范围等方面继续发展。

7.3.2 思科交换必须要熟悉的 IOS 命令

1. 几种配置命令模式

（1）switch >。这种提示符表示处于用户命令模式，只能使用一些查看命令。

（2）switch#。这种提示符表示处于特权命令模式。

（3）switch(config)#。这种提示符表示是在全局配置模式。

（4）switch(config-if)#。这种提示符表示是在端口配置命令模式。

2. 交换机的各种命令模式以及各种常用的命令

表 7-1　交换机的各种命令模式的访问方式、提示符、退出方法及其描述

模式	访问方式	提示符	退出方法	描述
用户 EXEC（User EXEC）	在交换机上启动一个会话	switch >	输入 Logout 或 quit	使用该模式完成基本的测试和系统显示功能
特权 EXEC（Privileged EXEC）	在用户 EXEC 模式下，输入 enable 命令	switch#	输入 disable 或 exit	使用该模式来检验所输入的命令。一些配置命令也可以使用。可以用口令来保护对此模式的访问

（续上表）

模式	访问方式	提示符	退出方法	描述
VLAN 配置（VLAN configuration）	在特权 EXEC 模式下，输入 vlan database 命令	switch(vlan)#	要退回到特权 EXEC 模式，输入 exit	使用该模式完成 vlan 各项参数的配置
全局配置（Global configuration）	在特权 EXEC 模式下，输入 configure 命令	switch(config)#	要退回到特权 EXEC 模式输入 exit、end 或按下 ctrl + z	使用该模式配置用于整个交换机的参数
接口配置（Interface configuration）	在全局配置模式下，输入 interface 命令以及特定端口号	switch(config-if)#	要退回到全局配置模式，输入 exit。要退回特权 EXEC 模式，按下 ctrl + z 或输入 end	采用此模式为以太网接口配置参数
连接配置（Line configuration）	在全局配置模式下，使用 line vty 或 line console 命令，并指定连接编号	switch(config-line)#	要退回到全局配置模式，输入 exit。要退回特权 EXEC 模式，按下 ctrl + z 或输入 end	使用该模式配置针对终端连接或 Console 连接的参数

表 7 - 2　常用的命令及其完成的任务

命令	任务
switch > enable	由用户模式进入特权模式
?（特权或者用户模式）	显示常用的命令的列表
switch#show version	查看版本及引导信息
switch#show running-config	查看运行设置
switch#show startup-config	查看开机设置
switch#show history	查看曾经键入过的命令的历史记录
switch#show interface type slot/number	显示端口信息
switch#copy running-config startup-config	将 RAM 中的当前配置保存到 NVRAM 中
switch#copy startup-config running-config	加载来自 NVRAM 的配置信息
switch#show vlan	显示虚拟局域网信息

（续上表）

命令	任务
switch(config)#hostname	修改交换机的名称
switch(config)#interface interface-number	对端口进行配置
switch(config-if)#duplex full	将端口设置为全双工模式
switch(config-if)#speed	设置端口的速度

7.4　项目实现

1. 任务目标

（1）认识交换机的配置方式。

（2）按照给出的参考拓扑图构建逻辑拓扑图。

2. 任务所需设备

硬件：电脑一台，Catalyst 2950，运行终端仿真程序的 PC、Console 扁平线缆和相应的 DB - 9 或 DB - 25 适配器，直通线；软件：Packet Tracer 5.0。本实验在 Packet Tracer 5.0 环境下完成。

3. 任务实施步骤

项目拓扑如图 7 - 1 所示。

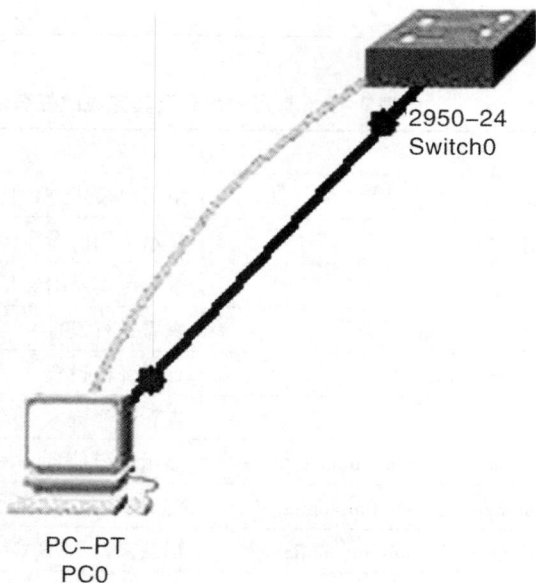

2950-24
Switch0

PC-PT
PC0

图 7 - 1　项目拓扑图

步骤1：关机并切断电源，拔下跳线。按照上述拓扑图（在 Packet Tracer 5.0 中）将 PC 机与交换机连接好，双击 PC 机选择进入 Desktop→terminal 中，对交换机参数进行配置，进入命令行界面。使用 show version 命令来查看一下交换机的版本信息。

switch > show version

Cisco Internetwork Operating System Software

IOS（tm）C2950 Software（C2950 – I6Q4L2 – M），Version 12. 1（22）EA4，RE-LEASE SOFTWARE（fc1）//交换机所使用的操作系统版本号是 Version 12. 1（22）EA4

Copyright（c）1986 – 2005 by cisco Systems，Inc.

Compiled Wed 18 – May – 05 22：31 by jharirba

Image text – base：0x80010000，data – base：0x80562000

ROM：Bootstrap program is C2950 boot loader

Switch uptime is 49 minutes，37 seconds

System returned to ROM by power – on

System image file is "flash：c2950 – i6q4l2 – mz. 121 – 22. EA4. bin"//该映像文件的名字是 c2950 – i6q4l2 – mz. 121 – 22. EA4. bin

Cisco WS – C2950 – 24（RC32300）processor（revision C0）with 21039K bytes of memory

//交换机上安装了 21039K bytes 主存

Processor board ID FHK0610Z0WC

Last reset from system – reset

Running Standard Image

24 FastEthernet/IEEE 802. 3 interface(s)//交换机上有 24 个快速以太网接口

32K bytes of flash-simulated non-volatile configuration memory //非易失性存储器的容量是 32K bytes

Base ethernet MAC Address：0004. 9A9B. D116

Motherboard assembly number：73 – 5781 – 09

Power supply part number：34 – 0965 – 01

Motherboard serial number：FOC061004SZ

Power supply serial number：DAB0609127D

Model revision number：C0

Motherboard revision number：A0

Model number：WS – C2950 – 24

System serial number：FHK0610Z0WC

Configuration register is 0xF //配置寄存器的值是 0xF

步骤 2：进入特权命令状态 enable；使用 show history 查看前面所输入的命令（不管是错误的还是正确的）；使用 show interface 端口号来查看端口信息；使用 disable 退出特权命令状态。

switch > enable

switch#

switch#show history

show flash

enable

show flash

show history

show flash

show history

switch#show interface fas0/1

FastEthernet0/1 is up, line protocol is up（connected）//接口是启用的，线路协议是启用的

Hardware is Lance, address is 00d0. ba9e. 6ba6（bia 00d0. ba9e. 6ba6）//显示接口的 MAC 地址

MTU 1500 bytes, BW 100000 Kbit, DLY 1000 usec//最大数据传输单元为 1 500bytes, 带宽为 100 000kbit/s, 时延为 1 000 秒

reliability 255/255, txload 1/255, rxload 1/255 //可靠性是 100%, 收发的负载比

Encapsulation ARPA, loopback not set

Keepalive set（10 sec）

Full-duplex, 100Mb/s //该接口是全双工的，以 100Mb/s 来收发数据

Input flow - control is off, output flow - control is off

ARP type：ARPA, ARP Timeout 04:00:00

Last input 00:00:08, output 00:00:05, output hang never

Last clearing of "show interface" counters never

Input queue：0/75/0/0（size/max/drops/flushes）; Total output drops：0

Queueing strategy：fifo

Output queue :0/40（size/max）

5 minute input rate 0 bits/sec, 0 packets/sec

5 minute output rate 0 bits/sec, 0 packets/sec//显示在前 5 分钟通过接口发送和接收的平均位数和平均分组数

956 packets input, 193351 bytes, 0 no buffer

Received 956 broadcasts, 0 runts, 0 giants, 0 throttles

0 input errors, 0 CRC, 0 frame, 0 overrun, 0 ignored, 0 abort

0 watchdog, 0 multicast, 0 pause input

0 input packets with dribble condition detected

2357 packets output, 263570 bytes, 0 underruns

0 output errors, 0 collisions, 10 interface resets

0 babbles, 0 late collision, 0 deferred

0 lost carrier, 0 no carrier

0 output buffer failures, 0 output buffers swapped out//首先,表示路由器接收的无错误分组的总数量。其次,还表示路由器接收的无错误分组的总字节数。有无缓冲,接口所接收的广播或多播分组的总数量

switch#disable

步骤3：从特权模式进入全局设置状态 configure terminal，将交换机的名字改为 SWI。

switch#

switch#configure terminal

Enter configuration commands, one per line。End with CNTL/Z

Switch(config)#hostname SWI

步骤4：设置进入特权状态的密码（secret），此密文在设置以后不会以明文方式显示。

SWI(config)#enable secret catalyst

再次进入特权状态时要求输入口令

SWI＞enable

Password://在此密码不会以明文的形式出现

SWI#

步骤5：从全局配置模式进入 Fas0/1 端口配置模式，对端口进行配置：使用 duplex full 命令将端口设置为全双工模式，使用 speed 100 将其速率设为 100bps，使用 no shutdown 将端口状态设置为开。

SWI(config)#interface fas0/1

SWI(config-if)#duplex full

SWI(config-if)#speed 100

SWI(config-if)#no shutdown

SWI(config-if)#

步骤6：使用 copy running-config startup-config 将配置从 running-config 保存到 startup-config 中，并使用 show running-config，show startup-config 查看其中的内容是否一致。

SWI#copy running-config startup-config

SWI#show running-config

7.5　思考与练习

1. 交换机和路由器上的功能和命令集是一样的吗？
2. 远程配置交换机的硬软件条件是什么？

项目8：配置单个路由器

8.1 项目提出

小李公司的网络再次扩大，以前是只用电信宽带上网，现在要加一条教育专线，新购一台路由器，为此小李在家用模拟软件练习。现在需要实现以下目标：

（1）配置单个路由器。

（2）通过对路由器设备的几种配置手段、配置模式和基本配置命令的认识，获得路由器的基本使用能力。

8.2 项目分析

配置单个路由器是网络操作的基础，用思科模拟软件可以轻松掌握如何配置单个路由器。

8.3 知识探究

路由器（Router），是连接因特网中各局域网、广域网的设备，它会根据信道的情况自动选择和设定路由，以最佳路径，按前后顺序发送信号。路由器是互联网络的枢纽、"交通警察"。目前路由器已经广泛应用于各行各业，各种不同档次的产品已成为实现各种骨干网内部连接、骨干网间互联和骨干网与互联网互联互通业务的主力军。路由器和交换机之间的主要区别就是交换机发生在 OSI 参考模型第二层（数据链路层），而路由器发生在第三层，即网络层。这一区别决定了路由器和交换机在移动信息的过程中需使用不同的方式控制信息，所以说两者实现各自功能的方式是不同的。

路由器又称网关设备（Gateway），用于连接多个逻辑上分开的网络，所谓逻辑网络是代表一个单独的网络或者一个子网。当数据从一个子网传输到另一个子网时，可通过路由器的路由功能来完成。因此，路由器具有判断网络地址和选择 IP 路径的功能，它能在多网络互联环境中，建立灵活的连接，可用完全不同的数据分组和介质访问方法连接各种子网，路由器只接受源站或其他路由器的信息，属于网络层的一种互联设备。

8.4　项目实现

1. 任务目标

（1）认识路由器的配置方式。

（2）按照给出的参考拓扑图构建逻辑拓扑图。

2. 任务所需设备

硬件：电脑一台；软件：Packet Tracer 5.0 。PC 机 4 台；Cisco 路由器 2620XM 2 个；反转线 1 根；串行线缆一对；HUB 2 个，直通线 6 根。本实验在 Packet Tracer 5.0 环境下完成。

3. 任务实施步骤

【实验拓扑与参数配置】

实验的参考拓扑图和参考配置参数如图 8 – 1 和表 8 – 1 所示。

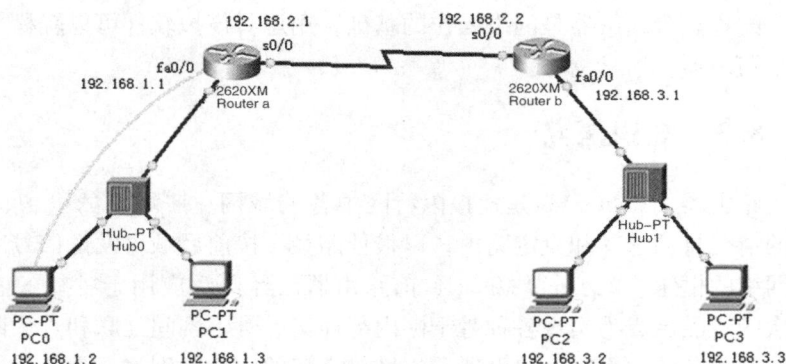

图 8 – 1　参考拓扑图

表 8 – 1　配置参数表

路由器的信息（子网掩码均为 255.255.255.0）				
路由器名	类型	IP 地址	RIP 路由网络	时钟频率
Router a	2620XM	fa0/0：192.168.1.1 s0/0：192.168.2.1	192.168.1.0 192.168.2.0	56000
Router b	2620XM	fa0/0：192.168.3.1 s0/0：192.168.2.2	192.168.2.0 192.168.3.0	

（续上表）

主机名	IP 地址	缺省网关	所属网段
PC 信息（子网掩码均为 255. 255. 255. 0）			
PC0	192. 168. 1. 2	192. 168. 1. 1	192. 168. 1. 0
PC1	192. 168. 1. 3	192. 168. 1. 1	192. 168. 1. 0
PC2	192. 168. 3. 2	192. 168. 3. 1	192. 168. 3. 0
PC3	192. 168. 3. 3	192. 168. 3. 1	192. 168. 3. 0
Hub 信息			
名称	类型	所属网段	
Hub 0	Hub – PT	192. 168. 1. 0	
Hub 1	Hub – PT	192. 168. 3. 0	

（1）认识路由器的配置方式。

用带有超级终端程序的 PC 机连接到路由器作为控制台，通过路由器的 Console口配置路由器。

下面我们以思科的一款路由器 2620XM 来讲述这一配置过程。步骤如下：

步骤1：建立本地配置环境。将反转线缆一端通过 DB－9 适配器连接到 PC 机的串口（或称 COM 口）。反转线缆的另一端与路由器的 Console 口连接。

步骤2：检查 PC 机是否安装有"超级终端"（Hyper Terminal）组件。如果在"附件"（Accessories）中没有发现该组件，可通过"添加/删除程序"（Add/Remove Program）的方式添加该 Windows 组件。"超级终端"安装好后我们就可以与路由器进行通信了（当然，要连接好，并打开路由器电源）。在使用超级终端建立与路由器的通信之前，必须先对超级终端进行必要的设置。

步骤3：单击"开始"按钮，在"程序"菜单的"附件"选项中单击"超级终端"，弹出的界面如图 8－2 所示。

图 8 - 2　新建连接"超级终端"

　　步骤 4：弹出如图 8 - 3 所示的"连接描述"对话框。这个对话框是用来建立一个新的超级终端连接项。

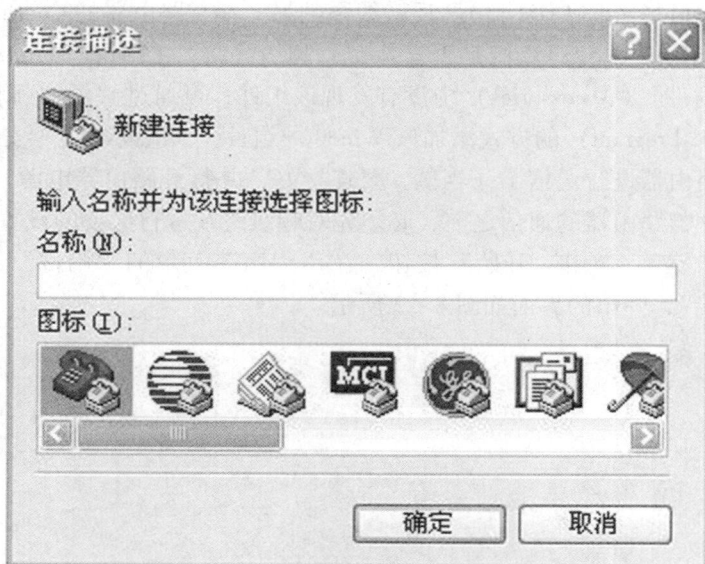

图 8 - 3　"连接描述"对话框

　　步骤 5：在"名称"文本框中键入需新建的超级终端连接项名称，这主要是为了便于识别，没有什么特殊要求，我们这里键入"Cisco"，如果想为这个连接项选择一个自己喜欢的图标的话，也可以在下面的图标栏中选择一个，然后单击"确定"按钮，弹出如图 8 - 4 所示的"连接到"对话框。

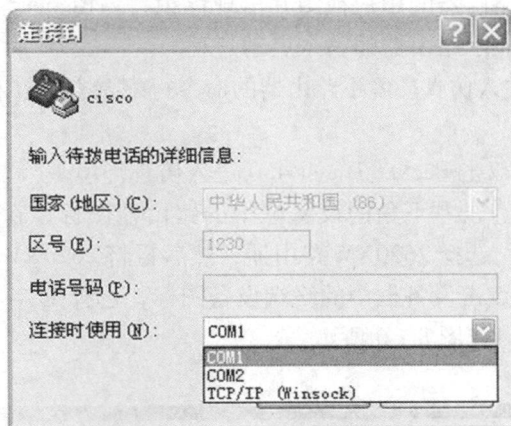

图 8 - 4　"连接到"对话框

步骤 6：在"连接时使用"下拉列表框中选择与路由器相连的计算机的串口。单击"确定"按钮，弹出如图 8 - 5 所示的"COM1 属性"对话框。

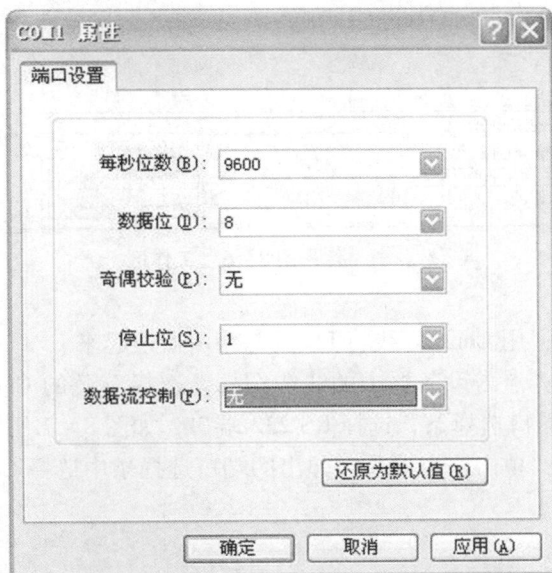

图 8 - 5　"COM1 属性"对话框

步骤7：在 COM1 属性中设置终端通信参数为：比特率 9600b/s、8 位数据位、1 位停止位、无奇偶校验和无数据流控制。单击"确定"按钮进入下一步。

步骤8：如果已经将线缆按照要求连接好，并且路由器已经启动，此时按回车键，将进入路由器的用户视图并出现标识符：Router＞；否则启动路由器，超级终端会自动显示路由器的整个启动过程。

步骤9：进入仿真环境下路由器的命令行配置方式（在模拟软件 Packet Tracer 4.0 中实现）。

步骤10：双击 Packet Tracer 4.0 进入仿真环境。

步骤11：点击左下角的设备框中的路由器图标，在右边的框内会有多种路由器可供选择，选择 2620XM 路由器，然后再将 2620XM 的图标拖放到工作区。

步骤12：点击设备框中的终端设备图标，选择 PC－PT，再将它的图标拖放到工作区即可，如图 8－6 所示。

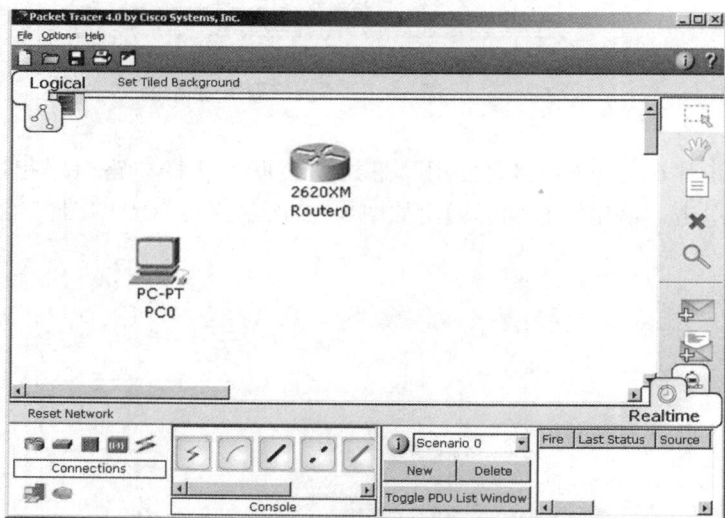

图 8－6　工作区

步骤13：用 Console 线将 PC 机与路由器连起来。

步骤14：点击设备框中的线缆图标，选择蓝色的 Console 线，然后单击 PC 机，会弹出端口选择条，选择 RS 232 端口，如图 8－7 所示。

步骤15：单击路由器，在弹出的端口选择条中选择 Console 端口，如图 8－8 所示。

图 8-7　RS 232 端口

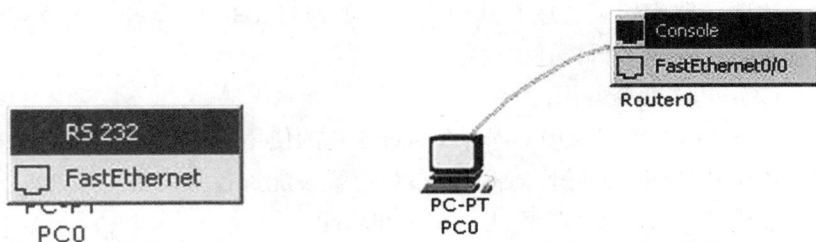

图 8-8　Console 端口

步骤16：单击 PC 机，弹出 PC 机的配置图，如图8-9所示。选择 Desktop 标签，然后再选择该标签下的 Terminal 图标，弹出如图8-10所示的对话框，其中参数的配置跟前面的图一样。点击"OK"，将进入路由器的用户视图并出现标识符：Router > 。

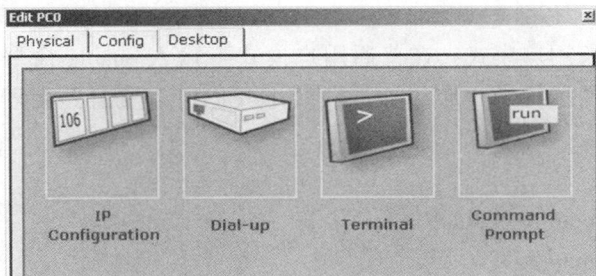

图 8-9　PC 机配置

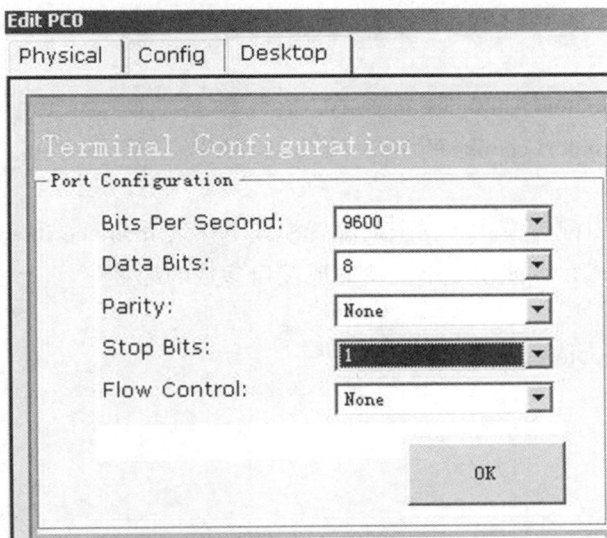

图 8-10　"Terminal Configuration" 对话框

69

说明：路由器配置还有其他手段，如通过 Telnet、Web、远程拨号等手段进行配置，在这里不再详述。

（2）基本命令使用。

步骤1：参考附录中 Packet Tracer 4.0 的使用方法，按照图 8 - 1 参考拓扑图构建逻辑拓扑图，并按照表 8 - 1 参数配置表配置各个设备。

步骤2：识别路由器模式、命令和功能。

路由器在仿真环境中有几种命令模式（单击路由器，在弹出的配置界面中选择 CLI 标签就可以直接进入路由器的命令行界面；或者从超级终端进入 CLI。这几种命令模式前文已有介绍）：

①普通用户模式：开机直接进入普通用户模式，模式指示符为"＞"，在该模式下我们只能查询路由器的一些基础信息，如版本号等。

例：router ＞

②特权用户模式：在普通用户模式下输入 enable 命令即可进入特权用户模式，模式指示符为"#"，在该模式下我们可以查看路由器的配置信息和调试信息等。

例：router ＞ enable
    router#

③全局配置模式：在特权用户模式下输入 configure terminal 命令即可进入全局配置模式，在该模式下主要完成全局参数的配置。

例：router# configure terminal
    router(config)#

④接口配置模式：在全局配置模式下输入 interface interface - list 即可进入接口配置模式，在该模式下主要完成接口参数的配置。

例：router(config-if)#

表 8 – 2 路由器的各种配置模式总结

模式	访问方式	提示符	退出方法	描述
用户 EXEC（User EXEC）	在路由器上启动一个会话	router >	输入 logout 或 quit	在该模式下完成基本的测试和系统显示功能
特权 EXEC（Privileged EXEC）	在用户 EXEC 模式下，输入 enable 命令	router#	输入 disable 或 exit	在该模式下来检验所输入的命令。一些配置命令也可以使用。可以用口令来保护对此模式的访问
全局配置（Global configuration）	在特权 EXEC 模式下，输入 configure 命令	router(config)#	要退回到特权 EXEC 模式输入 exit、end 或按下 ctrl + z	在该模式下配置用于整个路由器的参数
接口配置（Interface configuration）	在全局配置模式下，输入 interface 命令以及特定端口号	router(config-if)#	要退回到全局配置模式，输入 exit。要退回特权 EXEC 模式，按下 ctrl + z 或输入 end	在此模式下为以太网接口配置参数
连接配置（Line configuration）	在全局配置模式下，使用 line vty 或 line console 命令，并指定连接编号	router(config-line)#	要退回到全局配置模式，输入 exit。要退回特权 EXEC 模式，按下 ctrl + z 或输入 end	在该模式下配置针对终端连接或 Console 连接的参数

步骤 3：熟悉基本的路由器命令。

步骤 4：修改路由器的名字（hostname）。

例：router(config)#hostname Ra // 改名为 Ra

步骤 5：将路由器能够显示历史命令的空间扩大到 100。

例：router#terminal history size 100

键入 show history 查看已经执行过的命令，也可以用"↑"、"↓"键来选择历史命令。

步骤6：配置路由器的口令（用 enable password 命令设定的口令可以限制对特权模式的访问，这个口令是可以在配置文件中看到的。要在特权模式下输入加密的口令，需要使用 enable secret 命令。如果配置了 enable secret 口令，它就会代替 enable 口令）。

Ra#configure terminal
Ra（config）#enable password cisco//仿真环境中不能使用
Ra#configure terminal
Ra（config）#enable secret cisco//仿真环境中可以使用

设置口令后，对特权模式访问时需要输入密码。如下所示：

Ra ＞ enable
Password：

步骤7：配置以太网接口。

Ra（config）#interface FastEthernet0/0　//注意接口的引用方式 interfacetype slot#/port#
Ra（config-if）#ip address 192.168.1.1　255.255.255.0 //为该接口配置 IP 地址
Ra（config-if）# no shutdown　//缺省时,接口都是关闭的。输入此命令开启接口

步骤8：配置串行接口。

Ra（config）#interface Serial0/0
Ra（config-if）#bandwidth 56　//串行线两端都需要设定带宽
Ra（config-if）#clock rate 56000 //串行线中 DCE 端需设定时钟,DTE 端则不需要
Ra（config-if）#ip address 192.168.2.1 255.255.255.0
Ra（config-if）#no shutdown　//缺省时,接口都是关闭的。输入此命令开启接口

步骤 9：配置路由协议。

Ra(config)# router rip　//启用 RIP 路由协议
Ra(config-router)#network 192.168.1.0　//加入路由通报网络
Ra(config-router)#network 192.168.2.0

步骤 10：键入 show running-config 查看当前运行的配置文件。

键入 show startup-config 查看 NVRAM 里面的配置信息。
键入 show flash 查看 flash 里面的 IOS 文件信息。

以下基本命令可以试验：

表 8 - 3　显示命令

命令	任务
？（特权或者用户模式）	显示常用的命令的列表
router#show version	查看版本及引导信息
router#show flash	查看 IOS 文件信息
router#show running-config	查看运行配置信息
router#show startup-config	查看开机配置信息
router#show history	查看曾经键入过的命令的历史记录
router#show interface type slot#/port#	显示端口信息
router#copy running-config startup-config	将 RAM 中的当前配置保存到 NVRAM 中
router#copy startup-config running-config	加载来自 NVRAM 的配置信息
router#show ip router	显示路由信息

表 8 - 4　基本设置命令

命令	任务
router(config)#username username password password	设置访问用户及密码
router#enable secret password	设置特权密码
router(config)#hostname name	设置路由器名

8.5　思考与练习

1. 思科 IOS 及其配置信息各存放在怎样的存储器中？
2. 路由器为什么不需要固定的操作器和键盘？

项目9：简单局域网的组建与配置

9.1　项目提出

小李公司来了一批网络专业的大学实习生，想实践一下网络方面的操作。由于小李公司的网络处在正常运作中，不可能拆下来给实习生操作，所以小李带领实习生在思科模拟软件中操作。现在需要实现以下目标：

（1）了解一个局域网的基本组成，掌握一个局域网设备互通所需的基本配置，掌握报文的基本传输过程。

（2）掌握简单的局域网组建与配置。

9.2　项目分析

公司的网络处在正常运作中，不可能拆下来给实习生操作，运用思科模拟软件可以轻松掌握局域网的组建与配置。

9.3　知识探究

局域网（Local Area Network，LAN）是指在某一区域内由多台计算机互联成的计算机组。这一区域的范围一般是方圆几千米以内。局域网可以实现文件管理、应用软件共享、打印机共享、工作组内的日程安排、电子邮件和传真通信服务等功能。局域网是封闭型的，可以由办公室内的两台计算机组成，也可以由一个公司内的上千台计算机组成。

局域网是在一个局部的地理范围内（如一个学校、工厂和机关内），一般是方圆几千米以内，将各种计算机，外部设备和数据库等互相连接起来组成的计算机通信网。它可以通过数据通信网或专用数据电路，与远方的局域网、数据库或处理中心相连接，构成一个较大范围的信息处理系统。局域网可以实现文件管理、应用软件共享、打印机共享、扫描仪共享、工作组内的日程安排、电子邮件和传真通信服务等功能。局域网严格意义上是封闭型的。它可以由办公室内几台甚至成千上万台计算机组成。决定局域网的主要技术要素为：网络拓扑，传输介质与介质访问控制方法。

局域网由网络硬件（包括网络服务器、网络工作站、网络打印机、网卡、网络互联设备等）和网络传输介质，以及网络软件组成。

9.4 项目实现

1. 任务目标

（1）根据所认识的设备设计一个简单的局域网，并在仿真环境中画出其逻辑拓扑图。

（2）配置拓扑中的各设备连通所需的参数。

2. 任务所需设备

根据你所设计的局域网需要选择实验设备。在示例的拓扑中，使用了2950交换机1台、PC机4台。本实验在 Packet Tracer 5.0 环境下完成。

3. 任务实施步骤

【实验拓扑图与参数配置】

实验的参考拓扑图和参考配置参数如图9-1和表9-1所示。

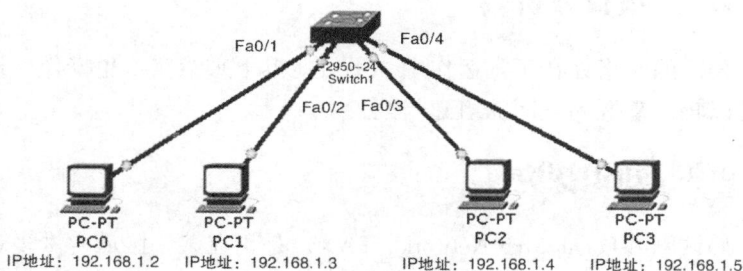

图9-1 参考拓扑图

表9-1 配置参数表

PC 信息（子网掩码均为 255. 255. 255. 0）			
主机名	IP 地址	缺省网关	所属网段
PC0	192. 168. 1. 2	192. 168. 1. 1	192. 168. 1. 0
PC1	192. 168. 1. 3	192. 168. 1. 1	192. 168. 1. 0
PC2	192. 168. 1. 4	192. 168. 1. 1	192. 168. 1. 0
PC3	192. 168. 1. 5	192. 168. 1. 1	192. 168. 1. 0

（1）设计一个局域网，并按照所设计的拓扑图进行连接。注意接口的选择以及连线所使用的线缆类型。可参 Packet Tracer 5.0 的使用方法，按照图9-1参考拓扑图构建逻辑拓扑图。

（2）按照表9-1配置参数表完成局域网中各主机、接口等的配置。

步骤1：主机的配置。

主机的 IP 地址和网关根据配置参数表分配好的地址进行设计即可。

步骤 2：主机 PC1 的配置。

主机 IP 地址和网关的配置在模拟环境下有两种方式。

①单击拓扑图中的 PC1 图标。在弹出的配置界面中，选择 Config 标签，点击左侧 GLOBAL 下的 Settings（如图 9 - 2 所示）便可以配置网关。点击左侧 IN-TERFACE 下的 FastEthernet（如图 9 - 3 所示）便可以配置 IP 地址和子网掩码。

②单击拓扑图中的 PC1 图标。在弹出的配置界面中，选择 Desktop 标签，在选择 IP Configuration，便可配置主机 IP 地址和网关（如图 9 - 4 所示）。

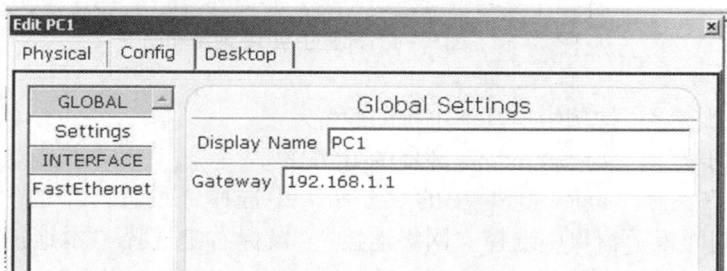

图 9 - 2　配置网关

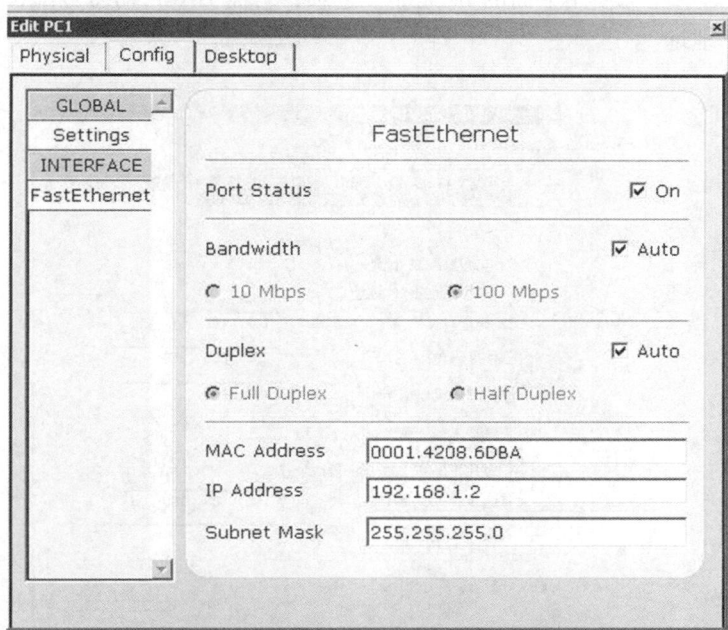

图 9 - 3　配置 IP 地址和子网掩码

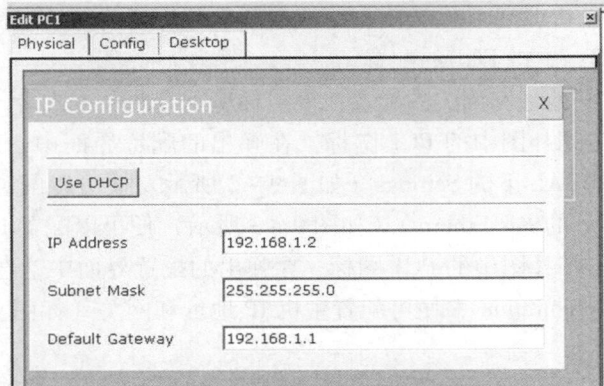

图 9-4　配置主机 IP 地址和网关

步骤 3：按例给出其他主机的配置。

步骤 4：实际 Windows 环境的 IP 配置。

在实际 Windows 环境中的"开始"中选择"设置"中的"控制面板"。在"控制面板"窗口中选择"网络连接"。鼠标右键选择"本地连接"（或者相应的网卡名称），选择"属性"。在"属性"窗口中选择"Internet 协议（TCP/IP)"，就可配置相应的参数（如图 9-5 所示）。这里要注意一点：若是静态 IP 地址，则选择"使用下面的 IP 地址"选项；若需 DHCP 动态分配，则选择"自动获得 IP 地址"。

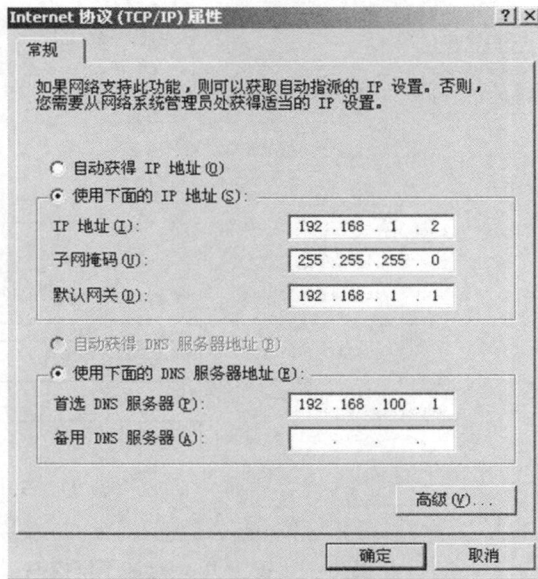

图 9-5　Internet 协议（TCP/IP）属性

步骤5：这里，交换机具有2层交换功能，不需要配置。

（3）连通性测试和数据包传输路径跟踪测试。

步骤1：以PC0到PC1的连通性测试为例。

单击拓扑图中的PC0图标。在弹出的配置界面中，选择Desktop标签，选择Command Prompt，键入Ping命令。

PC > ping 192.168.1.3

注意：模拟环境与实际环境不同。Ping命令的结果不能自动生成。模拟环境下使用Ping命令时，ICMP数据包的传输路径可以在仿真环境中Simulation模式下查看到，点击右下角的Simulation模式图标，在Event List中便可看到Ping事件，在工作区便会看到传输的包，然后点击Auto Capture按钮，可以看到包在设备间传输，同时便可看到Ping的结果，如图9-6所示。

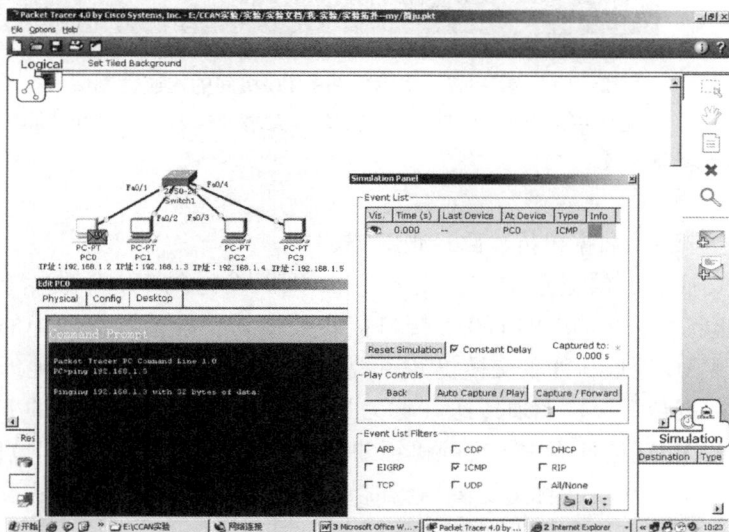

图9-6　连通性测试

查看结果，如果Ping通则网络正常，Ping不通则要进行故障排查。

步骤2：实际相邻的PC机间的连通性测试。实际环境中是192.168.134.0网段，测试192.168.134.51到192.168.134.71的连通性（如图9-7所示）。

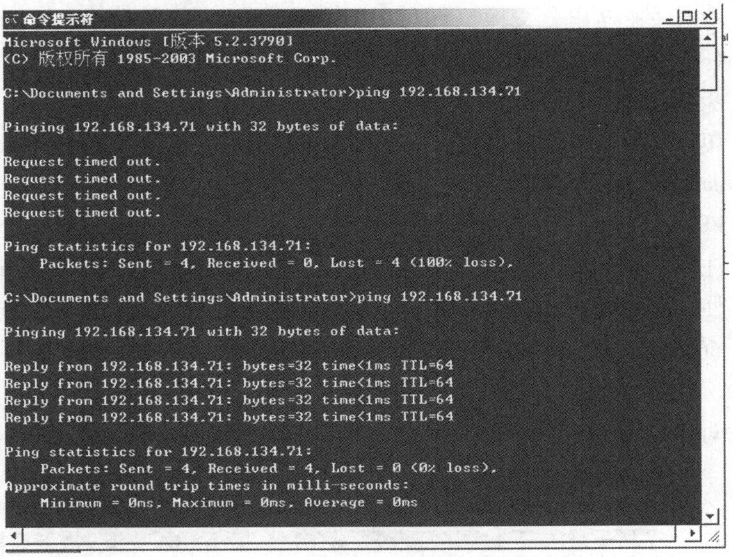

图9-7　实际相邻的PC机间的连通性测试

注意：这里第一次Ping不通，是因为有防火墙的阻挡。第二次Ping通（禁用防火墙），则PC机之间连通。

步骤3：数据包传输路径跟踪测试。

交换机上数据包的二层分析。由PC0发送的ICMP数据包传送到交换机Switch1时，Switch1的Fa0/1接口接收数据。然后查看数据中的源MAC地址和目的MAC地址，如果交换机知道源MAC地址和目的MAC地址在一个网段内，会将数据包丢弃，无须传送（称为过滤）；如果数据包的目的MAC地址不在交换机的MAC地址表中，交换机不知道目的网段，就会将数据包传送到除源网段以外的所有网段（称为泛洪）；如果数据包的目的MAC地址在交换机的MAC地址表中，交换机就会将数据包传送到相应网段的出口（称为转发）。这是交换机的二层功能。在这里，Switch1知道数据包的目的MAC地址在交换机的MAC地址表中，Switch1就会将数据包转发到相应网段的出口Fa0/2。

步骤4：如图9-6所示，当ICMP包传输到Switch1时，可以单击Event List中右侧的Info框，在弹出的PDU信息界面中就可以查看数据包在Switch1上的处理过程，也可以直接单击工作区中处于Switch1上的数据包，进入PDU信息界面，如图9-8所示。

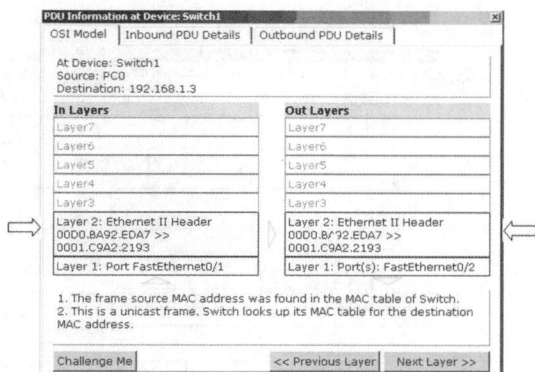

图9-8 PDU信息界面

从图9-8中，可以看到一些信息。在图中左侧的In Layers，Layer1 Fa0/1是接收数据包的端口。Layer2显示的是以太网帧的源MAC地址和目的MAC地址，在这一层Switch1查看数据中的源MAC地址和目的MAC地址，发现目的MAC地址在交换机的MAC地址表中，则在图中右侧的Out Layers的Layer2中决定将帧从FastEthernet0/2端口进行转发，Layer1则在Fa0/2端口中发送数据包。

步骤5：在图9-8中选择Inbound PDU Details标签，便可查看进入Switch1数据包细节，如图9-9所示。在Ethernet II中可以看到以太网帧的源MAC地址00D0. BA92. EDA7和目的MAC地址0001. C9A2. 2193；在IP中可以看到源IP地址192. 168. 1. 2和目的IP地址192. 168. 1. 3。ICMP显示的是一个ICMP数据帧。

同样，在图9-8中选择Outbound PDU Details标签，便可查看出Switch1数据包细节，如图9-10所示。在图中同样可查看MAC地址和IP地址等信息。因为交换机依据目的MAC地址转发数据帧，所以图9-9与图9-10并没有太大区别。

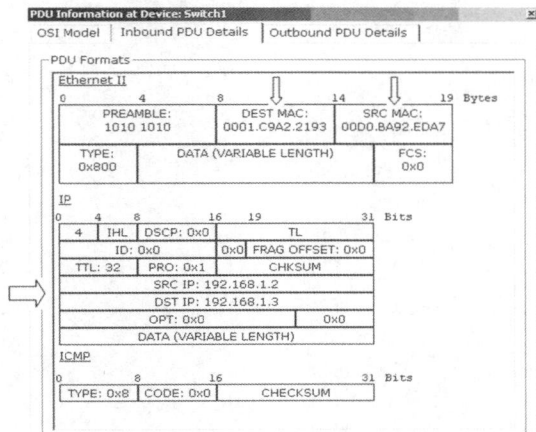

图9-9 进入Switch1数据包细节

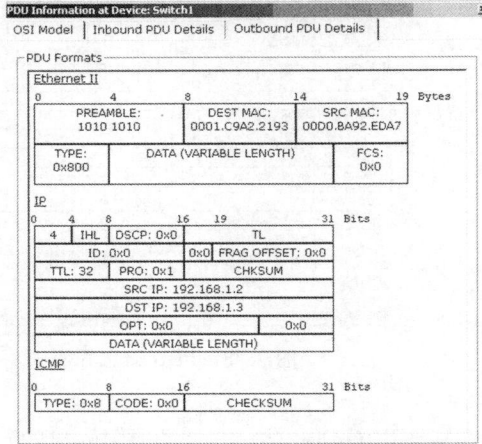

图 9 - 10   出 Switch1 数据包细节

9.5　思考与练习

1. 交换机的第一层功能是什么？
2. 默认网关的作用是什么？

项目 10：配置 VLAN、WLAN

10.1 项目提出

小李公司的财务部与其他部门在同一网段，由于财务部的特殊性和保密性，应防止非法网络用户侵入，需要将财务部与网络上的其他部门的计算机进行隔离。现在需要实现以下目标：

（1）将财务部与网络上的其他部门的计算机进行隔离。

（2）配置 VLAN、WLAN。

（3）掌握在二层交换机上创建 VLAN 的方法。

10.2 项目分析

需要将财务部与网络上的其他部门的计算机进行隔离，可以通过划分 Port VLAN（虚拟局域网接口）实现本交换机端口隔离。

10.3 知识探究

10.3.1 虚拟局域网

虚拟局域网（Virtual Local Area Network，VLAN）是一组逻辑上的设备和用户，这些设备和用户并不受物理位置的限制，可以根据功能、部门及应用等因素将它们组织起来，相互之间的通信就好像它们在同一个网段中一样，由此得名。VLAN 是一种比较新的技术，工作在 OSI 参考模型的第 2 层和第 3 层，一个 VLAN 就是一个广播域，VLAN 之间的通信是通过第 3 层的路由器来完成的。与传统的局域网技术相比较，VLAN 技术更加灵活，它具有以下优点：网络设备的移动、添加和修改的管理开销减少；可以控制广播活动；可提高网络的安全性。

在计算机网络中，一个二层网络可以被划分为多个不同的广播域，一个广播域对应了一个特定的用户组，默认情况下这些不同的广播域是相互隔离的。不同的广播域之间想要通信，需要通过一个或多个路由器。这样的一个广播域就称为"VLAN"。

10.3.2 无线局域网

无线局域网（Wireless Local Area Networks，WLAN），简写中文翻译名称为"微览"。它是相当便利的数据传输系统，它利用射频（Radio Frequency，RF）

的技术，取代旧式的双绞铜线（Coaxial）所构成的局域网络，使得无线局域网络能利用简单的存取架构，让用户透过它达到"信息随身化、便利走天下"的理想境界。

10.4 项目实现

10.4.1 VLAN 构建与配置

1. 任务目标

（1）按照给出的参考拓扑图构建逻辑拓扑图。

（2）按照给出的配置参数表配置各个设备。

2. 任务所需设备

2950 交换机两台，PC 机 6 台，直通线缆 6 根，交叉线缆 1 根。本实验在 Packet Tracer 5.0 环境下完成。

3. 任务实施步骤

实验的参考拓扑图和参考配置参数表如图 10 - 1 和表 10 - 1 所示。

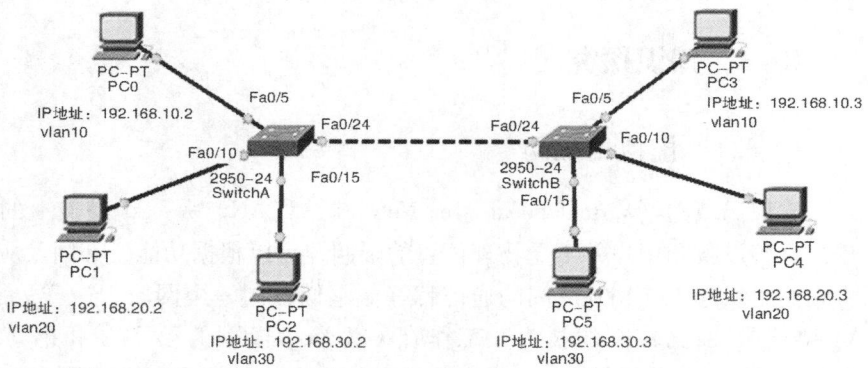

图 10 - 1 参考拓扑图

表 10 - 1 配置参数表

交换机信息			
交换机名称	类型	接口	所属 vlan
SwitchA	2950 - 24	Fa0/5	vlan10
		Fa0/10	vlan20
		Fa0/15	vlan30
		Fa0/24	中继端口

（续上表）

交换机信息			
交换机名称	类型	接口	所属 vlan
SwitchB	2950 – 24	Fa0/5	vlan10
		Fa0/10	vlan20
		Fa0/15	vlan30
		Fa0/24	中继端口

PCS 信息（子网掩码均为 255.255.255.0）				
主机名	IP 地址	缺省网关	所属网段	与 Switch 相连端口
PC0	192.168.10.2	192.168.10.1	192.168.10.0	SwitchA　Fa0/5
PC1	192.168.20.2	192.168.20.1	192.168.20.0	SwitchA　Fa0/10
PC2	192.168.30.2	192.168.30.1	192.168.30.0	SwitchA　Fa0/15
PC3	192.168.10.3	192.168.10.1	192.168.10.0	SwitchB　Fa0/5
PC4	192.168.20.3	192.168.20.1	192.168.20.0	SwitchB　Fa0/10
PC5	192.168.30.3	192.168.30.1	192.168.30.0	SwitchB　Fa0/15

（1）可参考 Packet Tracer 5.0 的使用方法，按照图 10 – 1 参考拓扑图构建逻辑拓扑图，并按照表 10 – 1 配置参数表配置各个设备。

（2）在交换机 SwitchA 上创建三个 vlan（vlan10，20，30）并分别命名（v10，v20，v30）。以交换机 SwitchA 为例，同样配置 SwitchB。

步骤 1：创建 vlan10 并命名为 v30。

```
switch#configure terminal
switch(config)#hostname SwitchA//交换机改名
switchA(config)#vlan10
switchA(config-vlan)#name v10//创建 vlan 并命名为 v10
```

步骤 2：创建 vlan20 并命名为 v20。

```
switchA(config)#vlan20
switch A(config-vlan)#name v20//创建 vlan 并命名为 v20
```

步骤 3：创建 vlan30 并命名为 v30。

```
switchA(config)#vlan30
```

switchA（config-vlan）#name v30//创建 vlan 并命名为 v30

（3）把端口划分到 vlan 中去。

（端口 Fa0/5 划到 v10，端口 Fa0/10 划到 v20，端口 Fa0/15 划到 v30）

步骤 1：将 0/5 端口划分到 vlan10。

switchA（config）#interface FastEthernet0/5
switchA（config-if）#switchport access vlan10//将 0/5 端口划分到 vlan10

步骤 2：将 0/10 端口划分到 vlan20。

switchA（config）#interface FastEthernet0/10
switchA（config-if）#switchport access vlan20//将 0/10 端口划分到 vlan20

步骤 3：将 0/15 端口划分到 vlan30。

switchA（config）#interface FastEthernet0/15
switchA（config-if）#switchport access vlan30//将 0/15 端口划分到 vlan30

（4）验证已创建的 vlan。

switchA#show vlan

vlan Name	Status	Ports
1 default	active	Fa0/1，Fa0/2，Fa0/3，Fa0/4
		Fa0/6，Fa0/7，Fa0/8，Fa0/9
		Fa0/11，Fa0/12，Fa0/13，Fa0/14
		Fa0/16，Fa0/17，Fa0/18，Fa0/19
		Fa0/20，Fa0/21，Fa0/22，Fa0/23
		Fa0/24
10 v10	active	Fa0/5
20 v20	active	Fa0/10
30 v30	active	Fa0/15
1002 fddi – default	active	
1003 token – ring – default	active	
1004 fddinet – default	active	
1005 trnet – default	active	

（5）按例给出交换机 SwitchB 的配置。

（6）设置交换机 SwitchA 上与 SwitchB 相连的端口（Fa0/24）。

将 SwitchA 上与 SwitchB 相连的端口 Fa0/24 的模式设置为 Trunk 模式。Trunk 是端口汇聚的意思，Trunk（干道）是一种封装技术，它是一条点到点的链路，主要功能就是仅通过一条链路就可以连接多个交换机，从而扩展已配置的多个 vlan。

步骤1：交换机 SwitchA 的端口 Fa0/24 的配置。

SwitchA（config）#interface FastEthernet0/24

SwitchA（config-if）#switchport mode trunk//将 Fa0/24 设为 Trunk 模式

步骤2：按例给出交换机 SwitchB 的端口 Fa0/24 的配置。

（7）验证 PC0 和 PC3，PC1 和 PC4，PC2 和 PC5 能否相互通信，说明同一 vlan 内的主机能相互连通。而 PC0 和 PC4、PC5 不能相互通信，说明了不同 vlan 间不能连通。

步骤1：验证 PC0 和 PC3 能相互通信。同样可验证 PC1 和 PC4、PC2 和 PC5 能否连通。

各主机按照参数表中的 IP 地址和网关设置进行配置，并按照参数表要求与交换机相应的端口用直通线连接起来。

单击拓扑图中的 PC0 图标。在弹出的配置界面中，选择 Desktop 标签，选择 Command Prompt，键入 ping 192. 168. 10. 3 命令。

PC > ping 192. 168. 10. 3

Ping 命令的结果不能自动生成。模拟环境下使用 Ping 命令时，ICMP 数据包的传输路径可以在仿真环境中的 Simulation 模式下查看到，点击右下角的 Simulation 模式图标，在 Event List 中便可看到 Ping 事件，在工作区便会看到传输的包，然后点击 Auto Capture 按钮，可以看到包在设备间传输，同时便可看到 Ping 的结果，如图 10 - 2 所示。

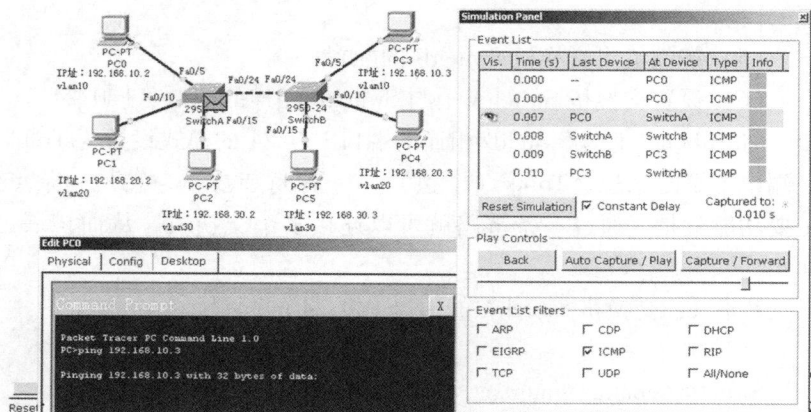

图 10 - 2　测试连通性

查看结果，如果 Ping 通，则网络正常；Ping 不通，则要进行故障排查。

步骤 2：验证 PC0 和 PC4 能否相互通信。其他可作同样验证。

在 PC0 的 Command Prompt 中输入 ping 192.168.20.3。

PC > ping 192.168.20.3

查看结果，如果 Ping 通，则网络正常；Ping 不通，则要进行故障排查。

（8）交换机上数据包的传输跟踪。

以 PC0 和 PC3 的连通性测试时发送的 ICMP 数据包为例。

步骤 1：由 PC0 发送的 ICMP 数据包传送到交换机 SwitchA 时，SwitchA 的 Fa0/5 接口接收数据，连接到 Fa0/5 的 PC 机则属于 vlan10，从这个端口流出的数据只能在 vlan10 中流通。然后查看数据中的源 MAC 地址和目的 MAC 地址，如果交换机知道源 MAC 地址和目的 MAC 地址在一个网段内，就会将数据包丢弃，无须传送（称为过滤）；如果数据包的目的 MAC 地址不在交换机的 MAC 地址表中，交换机不知道目的网段，就会将数据包传送到除源网段以外的所有网段（称为泛洪）；如果数据包的目的 MAC 地址在交换机的 MAC 地址表中，交换机就会将数据包传送到相应网段的出口（称为转发）。这是交换机的二层功能。在这里，SwitchA 知道数据包的目的 MAC 地址在交换机的 MAC 地址表中，SwitchA 就会将数据包转发到相应网段的出口 Fa0/24。而 FastEthernet0/24 端口是一个 Trunk 端口，所有 vlan 都允许进入此端口并进行转发，并将帧 802.1q 进行标记，802.1q 协议可对帧所属的 vlan 作标识，标记它属于哪个 vlan 的数据，从而保证对同一个 vlan 的数据进行传输。

步骤 2：如图 10 - 2 所示，当 ICMP 包传输到 SwitchA 时，可以单击 Event List 中右侧的 Info 框，在弹出的 PDU 信息界面中就可以查看包在 SwitchA 上的处理过程，也可以直接单击工作区中处于 SwitchA 上的包进入 PDU 信息界面，如

图 10 - 3 所示。

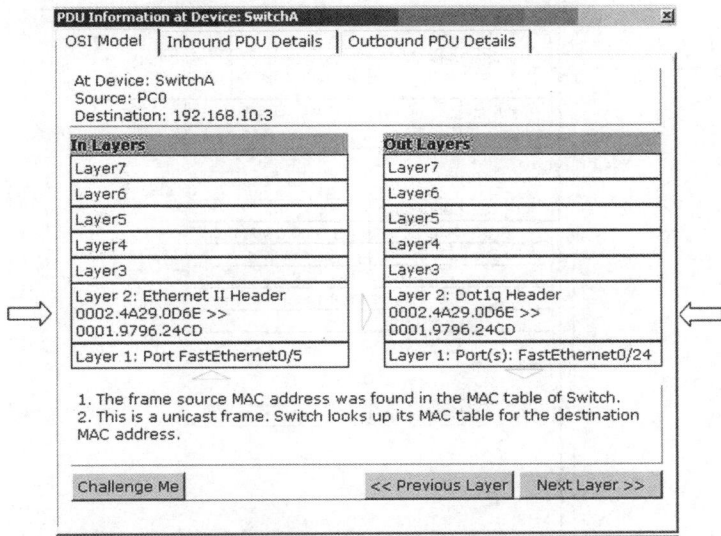

图 10 - 3　PDU 信息界面

从图 10 - 3 中可以看到一些信息。在图中左侧的 In Layers，Layer1 Fa0/5 是接收包的端口，连接到 Fa0/5 的 PC 机则属于 vlan10 。Layer2 显示的是以太网帧的源 MAC 地址和目的 MAC 地址，在这一层 SwitchA 查看数据中的源 MAC 地址和目的 MAC 地址，发现目的 MAC 地址在交换机的 MAC 地址表中。然后在图中右侧的 Out Layers 的 Layer2 中，决定将帧从 FastEthernet0/24 端口进行转发，而 FastEthernet0/24 端口是一个 Trunk 端口，所有 vlan 都允许进入此端口并进行转发，图中的 Dot1q 是帧标记，标记它属于哪个 vlan 的数据。Layer1 则在 Fa0/24 端口中发送数据包。

步骤 3：在图 10 - 3 中选择 Inbound PDU Details 标签，便可查看进入 SwitchA 的数据包细节，如图 10 - 4 所示。在 Ethernet II 中可以看到以太网帧的源 MAC 地址 0002.4A29.0D6E 和目的 MAC 地址 0001.9796.24CD；在 IP 中可以看到源 IP 地址 192.168.10.2 和目的 IP 地址 192.168.10.3。ICMP 显示的是一个 ICMP 数据帧。

同样，在图 10 - 3 中选择 Outbound PDU Details 标签，便可查看出 SwitchA 数据包细节，如图 10 - 5 所示。在图中同样可查看 MAC 地址和 IP 地址等信息。图 10 - 4 与图 10 - 5 的区别是帧的格式不同，流出 SwitchA 的帧要进行标记，Dot1q 是帧标记，标记它属于哪个 vlan 的数据。

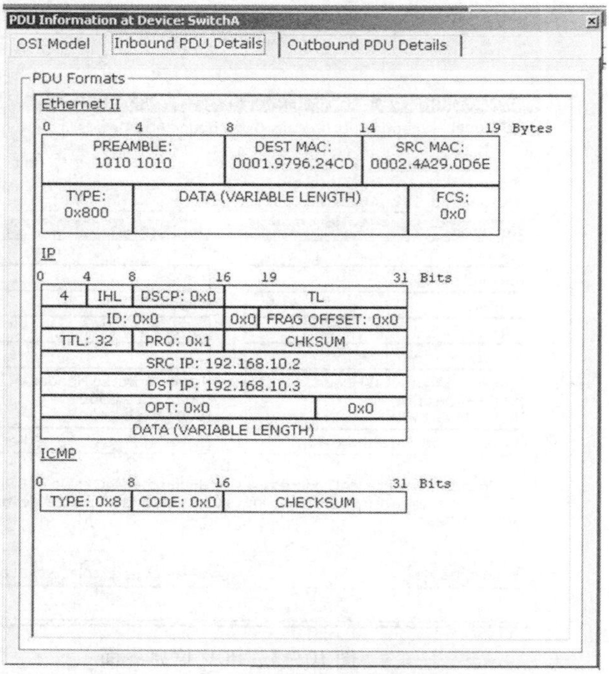

PDU Information at Device: SwitchA

OSI Model | Inbound PDU Details | Outbound PDU Details

PDU Formats

Ethernet II

0	4	8	14	19 Bytes
PREAMBLE: 1010 1010		DEST MAC: 0001.9796.24CD		SRC MAC: 0002.4A29.0D6E
TYPE: 0x800	DATA (VARIABLE LENGTH)			FCS: 0x0

IP

0	4	8	16	19	31 Bits
4	IHL	DSCP: 0x0		TL	
ID: 0x0			0x0	FRAG OFFSET: 0x0	
TTL: 32		PRO: 0x1		CHKSUM	
SRC IP: 192.168.10.2					
DST IP: 192.168.10.3					
OPT: 0x0				0x0	
DATA (VARIABLE LENGTH)					

ICMP

0	8	16	31 Bits
TYPE: 0x8	CODE: 0x0	CHECKSUM	

图 10 – 4　进入 SwitchA 数据包细节

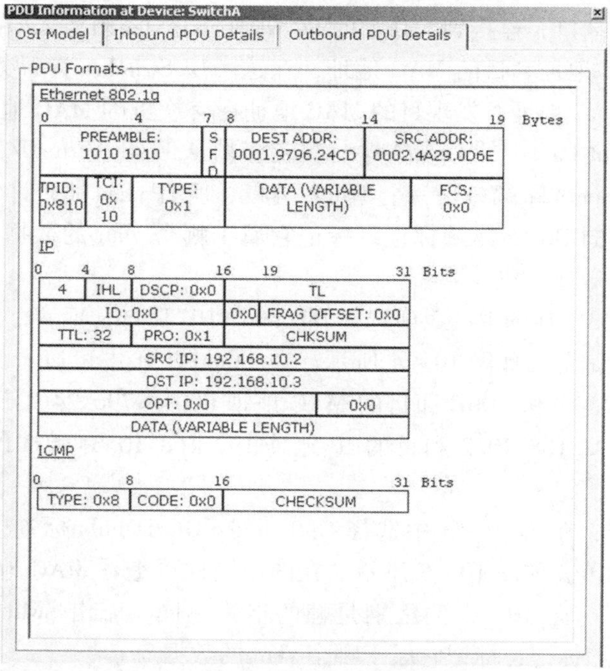

PDU Information at Device: SwitchA

OSI Model | Inbound PDU Details | Outbound PDU Details

PDU Formats

Ethernet 802.1q

0	4	7	8	14	19 Bytes
PREAMBLE: 1010 1010		S F D	DEST ADDR: 0001.9796.24CD	SRC ADDR: 0002.4A29.0D6E	
TPID: 0x810	TCI: 0x 10	TYPE: 0x1	DATA (VARIABLE LENGTH)		FCS: 0x0

IP

0	4	8	16	19	31 Bits
4	IHL	DSCP: 0x0		TL	
ID: 0x0			0x0	FRAG OFFSET: 0x0	
TTL: 32		PRO: 0x1		CHKSUM	
SRC IP: 192.168.10.2					
DST IP: 192.168.10.3					
OPT: 0x0				0x0	
DATA (VARIABLE LENGTH)					

ICMP

0	8	16	31 Bits
TYPE: 0x8	CODE: 0x0	CHECKSUM	

图 10 – 5　出 SwitchA 数据包细节

步骤 4：由 PC0 发送的 ICMP 数据包传送到交换机 SwitchB 时，SwitchB 的端口 Fa0/24 接收数据，FastEthernet0/24 端口是一个 Trunk 端口，发现进入此端口的帧是进行了标记的 Dot1q 帧，属于 vlan10 的数据。SwitchB 去除帧标记，然后查看数据中的源 MAC 地址和目的 MAC 地址，如果交换机知道数据包的目的 MAC 地址在交换机的 MAC 地址表中，并且相应网段的出口 Fa0/5 属于 vlan10，交换机就会将数据封装成以太网帧后传送到相应网段的出口。

10.4.2　WLAN 构建与配置

1. 任务目标

配置 WLAN。

2. 任务所需设备

Linksys WRT300N 无线路由器。

3. 任务实施步骤

（1）配置实例拓扑图，如图 10 - 6 所示。

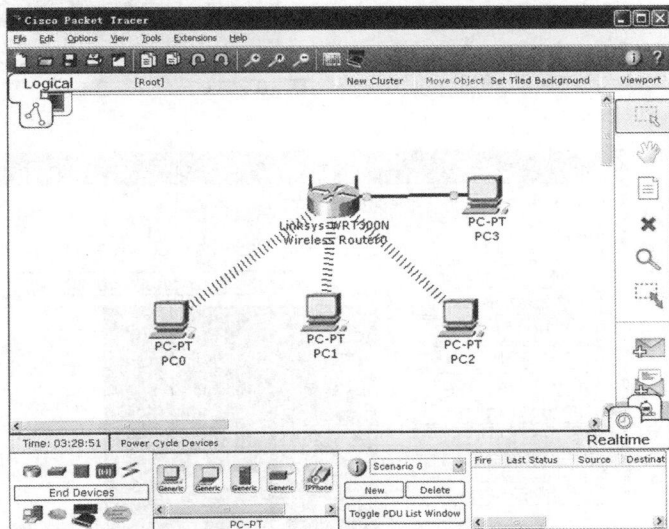

图 10 - 6　实例拓扑图

拓扑图的说明：Packet Tracer 5.0 中的无线设备是 Linksys WRT300N 无线路由器，该无线路由器共有 4 个 RJ - 45 插口、1 个 WAN 口、4 个 LANEthernet 口；计算机都配置了无线网卡模块，不需要我们手动添加该无线网卡模块。计算机添加了无线网卡后会自动与 Linksys WRT300N 相连。在图中，另添加了一台计算机与无线路由器的 Ethernet 端口相连，对 Linksys WRT300N 进行配置。

为计算机添加无线网卡，先要关闭计算机电源，如图 10 - 7 至 10 - 11 所示。

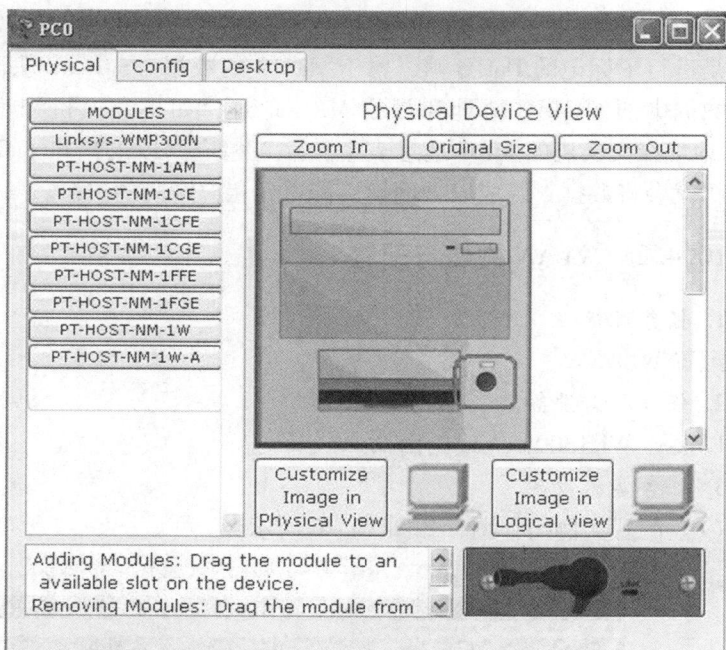

图 10 – 7

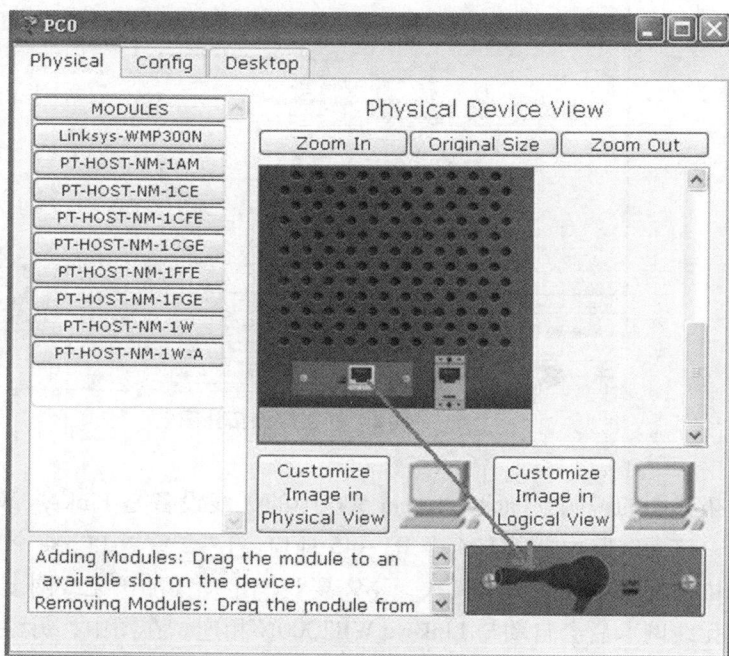

图 10 – 8

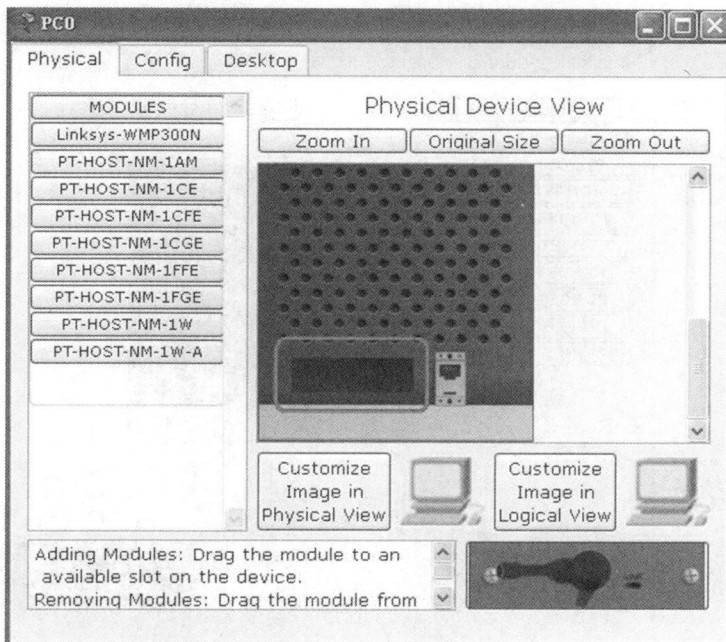

图 10－9

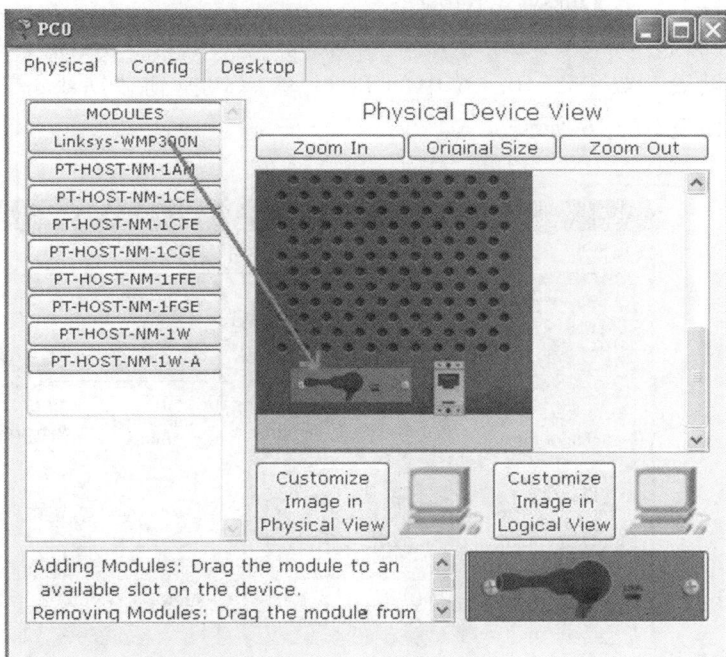

图 10－10

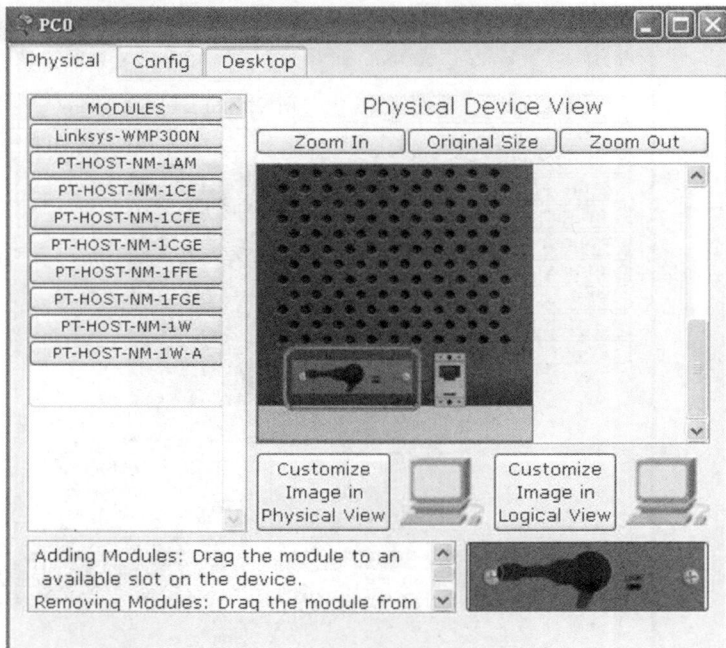

图 10 – 11

（2）配置 Linksys WRT300N。

配置 PC3 的 IP 地址与 Linksys WRT300N（默认 IP 地址为 192.168.0.1）在同一网段。双击图 10 – 6 中的 PC3，然后切换到"Desktop"选项卡，如图 10 – 12 至 10 – 16 所示。

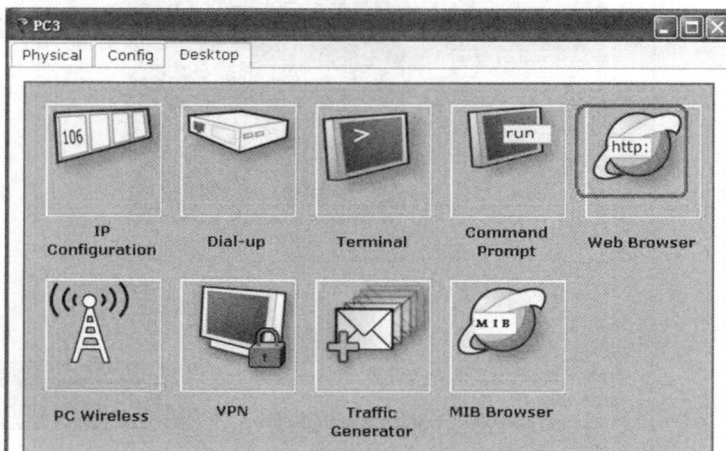

图 10 – 12

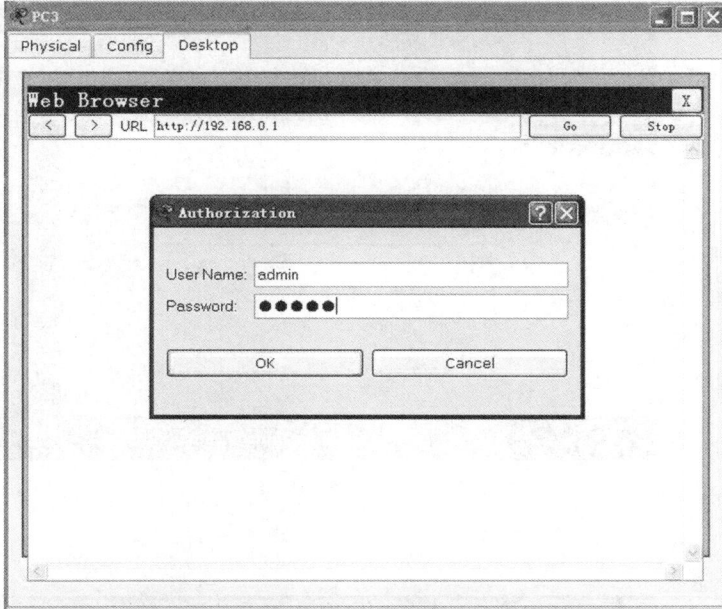

图 10 – 13

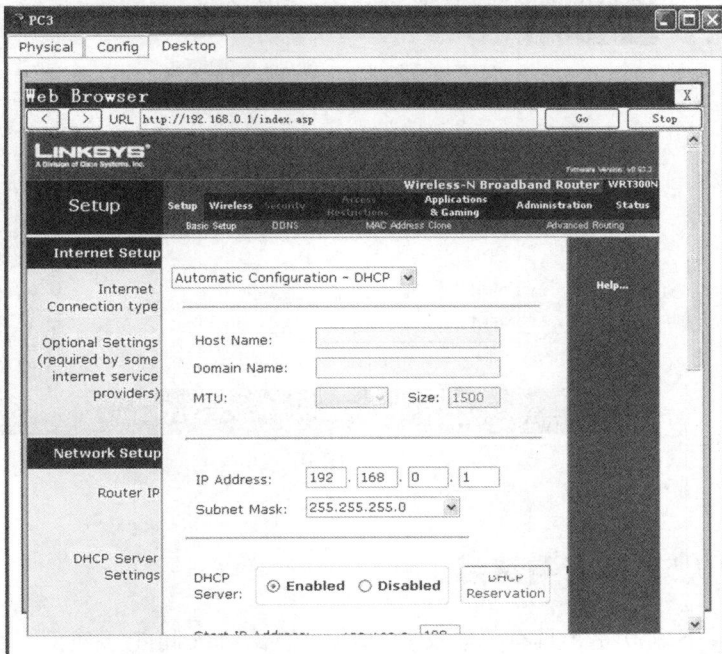

图 10 – 14

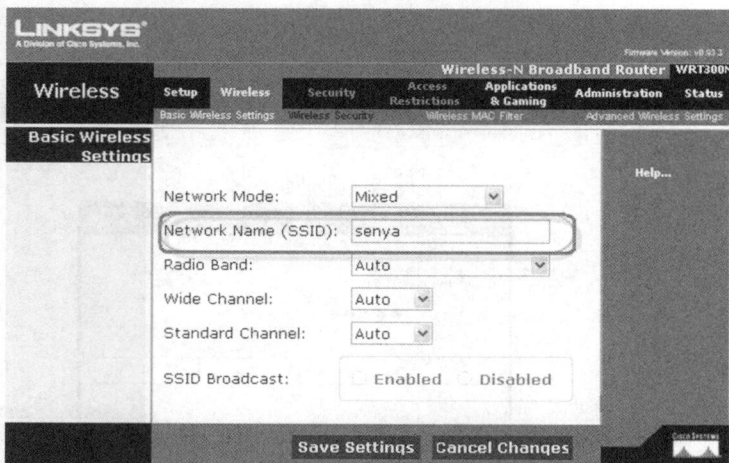

图 10 – 15

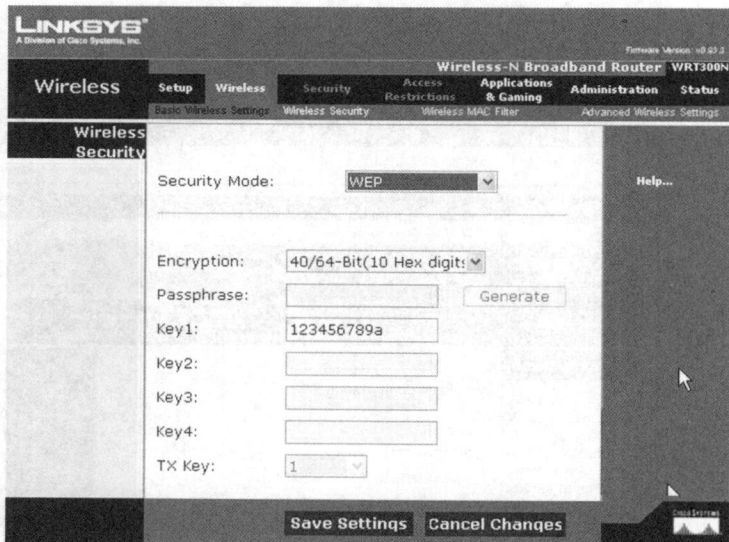

图 10 – 16

10.5　思考与练习

1. S2950 是否具有三层交换功能？若要 vlan 间能够通信，交换机应具有什么层次要求？还可以加入什么设备使 vlan 间能够通信？

2. 三层交换技术产生的原因和技术特点是什么？

3. 试一试，对 WLAN 进行更多的配置，并使用更多的功能。

第三编

企业小型网络组建

项目 11：企业 IT 环境部署和基本需求实现

11.1　项目提出

在了解 IT 技术时，很多时候都缺乏一个整体的概念，单独的技术拿出来可能都比较熟悉，然而整合在一起，在配置和管理的时候，却缺乏一个总体的规划、部署、设计、排错的理念。对于进入企业 IT 环境中的 IT 爱好者，很多技术的理解和研究只是限于理论和想象中，不知道企业的网络是怎么架构的，也不知道诸如基本的企业网络需要哪些网络硬件和设备等问题。本项目需要实现以下目标：

（1）设计基本的企业网络架构和基本的公网架构。

（2）掌握服务器的作用以及一些网络设备的功能和作用。

11.2　项目分析

在本案例中，设计了基本的企业网络架构和基本的公网架构，通过完成本案例可以了解常用的服务器的作用以及一些网络设备的功能和作用。

11.3　知识探究

VTP（Vlan Trunk Protocol）即 vlan 中继协议。VTP 通过网络（ISL 帧或思科私有 DTP 帧）保持 vlan 配置统一性。VTP 在系统级管理增加、删除、调整的 vlan，自动地将信息向网络中其他的交换机广播。此外，VTP 减少了那些可能导致安全问题的配置。为便于管理，只要在 vtp server 上作相应的设置，vtp client 就会自动学习 vtp server 上的 vlan 信息。

11.4　项目实现

1. 任务目标

（1）根据所认识的设备设计一个简单的局域网并在仿真环境中画出其逻辑拓扑图。

（2）配置拓扑中的各设备连通所需的参数。

2. 任务所需设备

根据所设计的局域网需要选择实验设备。在示例的拓扑图中，使用了 2950 交换机 1 台、PC 机 4 台。本实验在 Packet Tracer 5.0 环境下完成。

3. 任务实施步骤

（1）完成网络拓扑图，如图 11 - 1 所示。

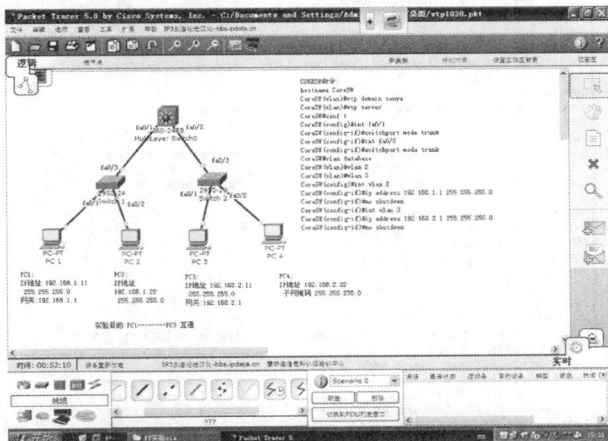

图 11 - 1　网络拓扑图

（2）完成核心交换机 CoreSW 的配置，配置命令如图 11 - 2 所示。

图 11 - 2　核心交换机 CoreSW 的配置命令

（3）完成核心交换机 SW1 的配置，配置命令如图 11 - 3 所示。

```
VTP SW1 命令 - 记事本
文件(F) 编辑(E) 格式(O) 查看(V) 帮助(H)
Switch>
Switch>en
Switch#conf t
Enter configuration commands, one per line.  End with CNTL/Z.
Switch(config)#hostname SW1
SW1(config)#exit
%SYS-5-CONFIG_I: Configured from console by console
SW1#
SW1#vlan database
% Warning: It is recommended to configure VLAN from config mode,
  as VLAN database mode is being deprecated. Please consult user
  documentation for configuring VTP/VLAN in config mode.

SW1(vlan)#vtp domain senya
Domain name already set to senya.
SW1(vlan)#vtp client
Setting device to VTP CLIENT mode.
SW1(vlan)#exit
APPLY completed.
Exiting....
SW1#conf t
Enter configuration commands, one per line.  End with CNTL/Z.
SW1(config)#int fa0/3
SW1(config-if)#switchport mode trunk
SW1(config-if)#exit
SW1(config)#int fa0/1
SW1(config-if)#switchport mode access
SW1(config-if)#switchport  access vlan 2
SW1(config-if)#
```

图 11 - 3　核心交换机 SW1 的配置命令

（4）完成核心交换机 SW2 的配置，配置命令如图 11 - 4 所示。

```
VTP SW2 命令 - 记事本
文件(F) 编辑(E) 格式(O) 查看(V) 帮助(H)
witch>en
Switch#conf t
Enter configuration commands, one per line.  End with CNTL/Z.
Switch(config)#hostname SW2
SW2(config)#EXIT
%SYS-5-CONFIG_I: Configured from console by console
SW2#vlan database
% Warning: It is recommended to configure VLAN from config mode,
  as VLAN database mode is being deprecated. Please consult user
  documentation for configuring VTP/VLAN in config mode.

SW2(vlan)#vtp domain senya
Domain name already set to senya.
SW2(vlan)#vtp client
Setting device to VTP CLIENT mode.
SW2(vlan)#exit
APPLY completed.
Exiting....
SW2#conf t
Enter configuration commands, one per line.  End with CNTL/Z.
SW2(config)#int fa0/3
SW2(config-if)#switchport mode trunk
SW2(config-if)#exit
SW2(config)#exit
%SYS-5-CONFIG_I: Configured from console by console
SW2#sh vlan


|
SW2#
SW2#conf t
Enter configuration commands, one per line.  End with CNTL/Z.
SW2(config)#int fa0/1
SW2(config-if)#switchport mode access
SW2(config-if)#switchport  access vlan 3
SW2(config-if)#
```

图 11 - 4　核心交换机 SW2 的配置命令

100

11.5　思考与练习

如何限制不同网段的某些 PC 相互通信？

项目 12：NAT、路由的综合案例

12.1 项目提出

当今网络，无论是 Internet，还是企业局域网，在传输数据的时候都用 TCP/IP 协议。在这个协议集当中，TCP 协议和 IP 协议是最重要的两个协议。TCP 协议定义了传输的过程必须需要三次握手、确认、滑动窗口等机制来保证数据安全地传输。IP 协议为每一个包携带好计算机的逻辑地址——IP 地址。这个地址保证数据在网络中正确地传输。现在 Internet 中使用的 IP 协议的版本是 V4 的版本，随着 IT 技术的不断发展，Internet 上的公网 IP 已经严重不足。现在需要实现以下目标：

（1）理解 NAT 和路由的区别。

（2）理解和配置 NAT。

12.2 项目分析

NAT 技术就是为了解决以上这个问题。在本案例中，要真正理解 NAT 和路由的区别、NAT 和路由的工作原理、企业复杂的案例中如何理解与配置 NAT 和路由以及处理网络的排错。

12.3 知识探究

12.3.1 路由器 NAT 功能配置简介

随着 Internet 的迅速发展，IP 地址数量短缺已成为一个十分突出的问题。为了解决这个问题，出现了多种解决方案。下面介绍一种在目前网络环境中比较有效的方法，即地址转换（NAT）功能。NAT（Network Address Translation）的功能，就是指在一个网络内部，根据需要可以随意自定义 IP 地址，而不需要经过申请。在网络内部，各计算机间通过内部的 IP 地址进行通信。而当内部的计算机要与外部 Internet 进行通信时，具有 NAT 功能的设备（如路由器）负责将其内部的 IP 地址转换为合法的 IP 地址（即经过申请的 IP 地址）进行通信。

NAT 的应用环境：

情况 1：一个企业不想让外部网络用户知道自己的网络内部结构，可以通过 NAT 将内部网络与外部 Internet 隔离开，则外部用户根本不知道通过 NAT 设置的内部 IP 地址。

情况2: 一个企业申请的合法 Internet IP 地址很少, 而内部网络用户很多。可以通过 NAT 功能实现多个用户同时共用一个合法 IP 与外部 Internet 进行通信。

12.3.2 设置 NAT 所需路由器的硬件配置和软件配置

设置 NAT 功能的路由器至少要有一个内部端口 (Inside) 和一个外部端口 (Outside)。内部端口连接的网络用户使用的是内部 IP 地址。内部端口可以是任意一个路由器端口。外部端口连接的是外部的网络, 如 Internet。外部端口可以是路由器上的任意端口。

设置 NAT 功能的路由器的 IOS 应支持 NAT 功能 (本例所用路由器为思科 2501, 其 IOS 为 11.2 以上版本, 支持 NAT 功能)。

12.3.3 关于 NAT 的几个概念

内部本地地址 (Inside local address): 分配给内部网络中的计算机的内部 IP 地址。

内部合法地址 (Inside global address): 对外进入 IP 通信时, 代表一个或多个内部本地地址的合法 IP 地址。这是需要申请才可取得的 IP 地址。

12.3.4 网络地址转换

网络地址转换被广泛应用于各种类型的 Internet 接入方式和各种类型的网络中。其原因很简单, NAT 不仅完美地解决了 IP 地址不足的问题, 而且还能够有效地避免来自网络外部的攻击, 隐藏并保护网络内部的计算机。NAT 的实现方式有三种, 即静态转换 (Static Nat)、动态转换 (Dynamic Nat) 和端口多路复用 (Over Load)。

端口多路复用是指改变外出数据包的源端口并进行端口转换, 即端口地址转换 (Port Address Translation, PAT), 采用端口多路复用方式。内部网络的所有主机均可共享一个合法外部 IP 地址实现对 Internet 的访问, 从而可以最大限度地节约 IP 地址资源。同时, 又可隐藏网络内部的所有主机, 有效避免来自 Internet 的攻击。因此, 目前网络中应用最多的就是端口多路复用方式。

12.4 项目实现

12.4.1 两台路由器的连接

1. 任务目标

(1) 根据所认识的设备设计一个简单的局域网并在仿真环境中画出其逻辑拓扑图。

(2) 配置拓扑中的各设备连通所需的参数。

2. 任务所需设备

根据所设计的局域网的需要选择实验设备。在示例的拓扑中，使用了 2950 交换机 1 台、PC 机 2 台。本实验在 Packet Tracer 5.0 环境下完成。

3. 任务实施步骤

完成网络拓扑图，如图 12-1 所示。

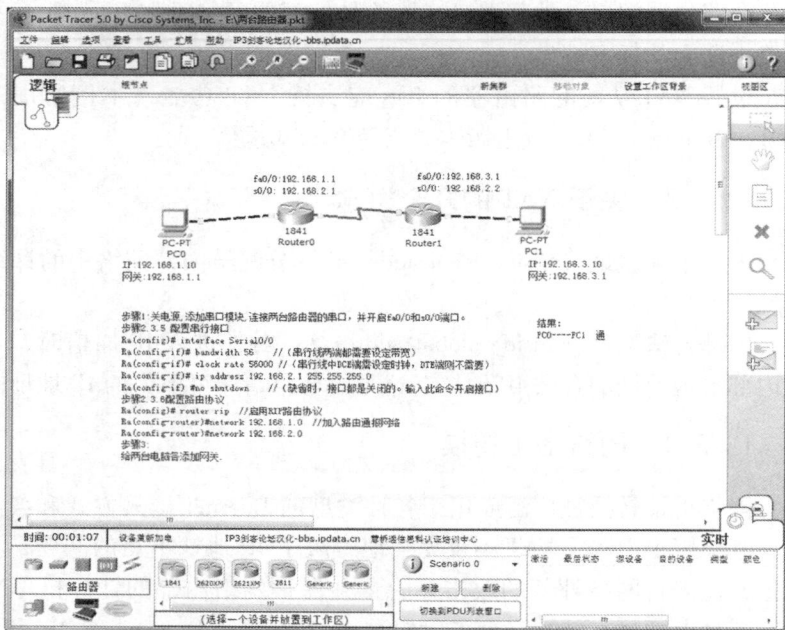

图 12-1　网络拓扑图

步骤 1：关电源，添加串口模块，连接两台路由器的串口，并开启 fa0/0 和 s0/0 端口。

步骤 2：配置串行接口。

Ra(config)#interface Serial0/0

Ra(config-if)#bandwidth 56//串行线两端都需要设定带宽

Ra(config-if)#clock rate 56000 //串行线中 DCE 端需设定时钟,DTE 端则不需要

Ra(config-if)#ip address 192.168.2.1 255.255.255.0

Ra(config-if)#no shutdown//缺省时,接口都是关闭的。输入此命令开启接口

步骤 3：配置路由协议。

Ra(config)#router rip//启用 RIP 路由协议

Ra(config-router)#network 192.168.1.0//加入路由通报网络

Ra(config-router)#network 192.168.2.0

步骤4：给两台电脑添加网关。

12.4.2　路由器的 NAT 配置

1. 任务目标

（1）根据所认识的设备设计一个简单的局域网并在仿真环境中画出其逻辑拓扑图。

（2）配置拓扑中的各设备连通所需的参数。

2. 任务所需设备

根据你所设计的局域网需要选择实验设备。在示例的拓扑中，使用了 2950 交换机 1 台、PC 机 2 台。本实验在 Packet Tracer 5.0 环境下完成。

3. 任务实施步骤

（1）完成网络拓扑图，如图 12－2 所示。

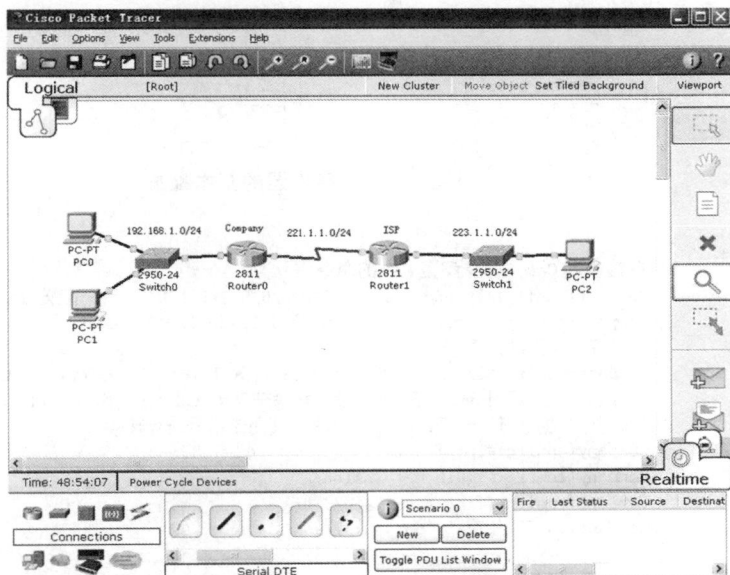

图 12－2　网络拓扑图

（2）路由器的基本配置，如图 12 - 3 和图 12 - 4 所示。

```
路由器 ISP 的配置
ISP#sh startup-config
Using 582 bytes
!
version 12.4
service password-encryption
!
hostname ISP
!
enable secret 5 $1$mERr$Q1EnFeXJ8Ibdhx2QffKaQ.
enable password 7 083249401018
!
ip ssh version 1
!
interface FastEthernet0/0
no ip address
duplex auto
speed auto
shutdown
!
interface FastEthernet0/1
ip address 223.1.1.1 255.255.255.0
duplex auto
speed auto
!
interface Serial0/3/0
ip address 221.1.1.1 255.255.255.0
clock rate 56000
!interface Serial0/3/1
no ip address
shutdown
!interface Vlan1
no ip address
shutdown
!ip classless
!no cdp run
!line con 0
line vty 0 4
login!!end
```

```
路由器 Company 的配置
Company#sh startup-config
Using 643 bytes
!
version 12.4
service password-encryption
!
hostname Company
!
!
enable password 7 083249401018
!
ip ssh version 1
!!interface FastEthernet0/0
no ip address
duplex auto
speed auto
shutdown
!interface FastEthernet0/1
ip address 192.168.1.1 255.255.255.0
ip nat inside
duplex auto
speed auto
!interface Serial0/3/0
ip address 221.1.1.2 255.255.255.0
ip nat outside
!interface Vlan1
no ip address
shutdown
!ip nat inside source list 1 interface
Serial0/3/0 overload
ip classless
ip route 0.0.0.0 0.0.0.0 221.1.1.1
!!access-list 1 permit 192.168.1.0 0.0.0.255
!no cdp run
!line con 0
line vty 0 4
login
!!end
```

图 12 - 3　路由器的基本配置

在路由器 Company 上配置 PAT 的命令
```
Company(config)#ip route 0.0.0.0 0.0.0.0 221.1.1.1      \\配置默认路由
Company(config)#access-list 1 permit 192.168.1.0 0.0.0.255      \\配置 1
个标准访问控制列表
Company(config)#ip nat inside source list 1 interface Serial0/3/0
overload  \\启用 PAT 私有 IP 地址的来源来自于 ACL 1, 使用 serial0/3/0 上
的公共 IP 地址进行转换, overload 表示使用端口号进行转换
Company(config)#int fa0/1
Company(config-if)#ip nat inside
Company(config-if)#int serial0/3/0
Company(config-if)#ip nat outside
```

图 12 - 4　在路由器 Company 上配置 PAT 的命令

（3）校验、查看 PAT 的配置及运行状况。

测试，在实验拓扑图中又添加一台服务器。如图 12 - 5 至图 12 - 7 所示。

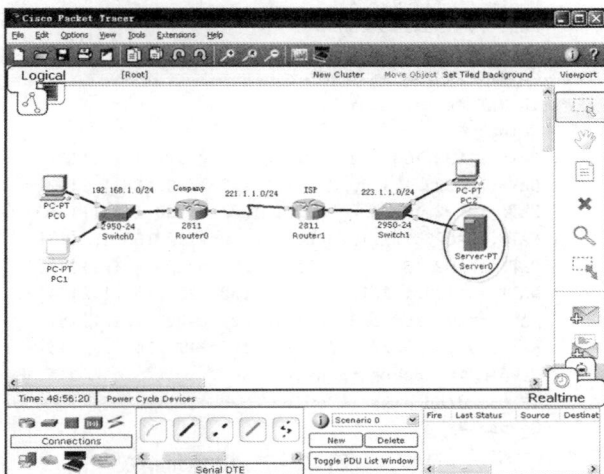

图 12 - 5　在实验拓扑图中添加一台服务器

```
Company#sh ip nat translations
Pro Inside global        Inside local            Outside
local           Outside global
icmp
221.1.1.2:23             192.168.1.3:23          223.1.1.2:23
    223.1.1.2:23
icmp
221.1.1.2:24             192.168.1.3:24          223.1.1.2:24
    223.1.1.2:24
icmp
221.1.1.2:25             192.168.1.3:25          223.1.1.2:25
    223.1.1.2:25
icmp
221.1.1.2:26             192.168.1.3:26          223.1.1.2:26
    223.1.1.2:26
icmp
221.1.1.2:27             192.168.1.3:27          223.1.1.2:27
    223.1.1.2:27
icmp
221.1.1.2:28             192.168.1.3:28          223.1.1.2:28
    223.1.1.2:28
tcp
221.1.1.2:1025           192.168.1.3:1025        223.1.1.3:80
223.1.1.3:80
tcp
221.1.1.2:1026           192.168.1.3:1026        223.1.1.3:80
223.1.1.3:80
tcp
221.1.1.2:1027           192.168.1.3:1027        223.1.1.3:80
223.1.1.3:80
tcp
221.1.1.2:1028           192.168.1.3:1028        223.1.1.3:80
223.1.1.3:80
tcp
221.1.1.2:1029           192.168.1.3:1029        223.1.1.3:80
223.1.1.3:80
```

图 12 - 6　服务器地址列表

```
Company#sh ip nat statistics
Total translations: 11 (0 static, 11 dynamic, 11 extended)
Outside Interfaces: Serial0/3/0
Inside Interfaces: FastEthernet0/1
Hits: 77 Misses: 11
Expired translations: 0
Dynamic mappings:

IP NAT debugging is on
Company#
NAT: s=192.168.1.2->221.1.1.2, d=223.1.1.1[12]
NAT*: s=223.1.1.1, d=221.1.1.2->192.168.1.2[12]
NAT: s=192.168.1.2->221.1.1.2, d=223.1.1.1[13]
NAT*: s=223.1.1.1, d=221.1.1.2->192.168.1.2[13]
NAT: s=192.168.1.2->221.1.1.2, d=223.1.1.1[14]
NAT*: s=223.1.1.1, d=221.1.1.2->192.168.1.2[14]
NAT: s=192.168.1.2->221.1.1.2, d=223.1.1.1[15]
NAT*: s=223.1.1.1, d=221.1.1.2->192.168.1.2[15]
Company#no debug ip nat
IP NAT debugging is off
Company#
```

图 12 - 7　IP 地址情况

12.5　思考与练习

1. 路由器 NAT 配置有哪几个关键步骤？

2. 为有效避免来自 Internet 的攻击，试一试，动手操作路由器的配置。

项目 13：DHCP、DNS、WINS 综合案例

13.1 项目提出

DHCP、DNS、WINS 在微软的网络服务中是三个比较基本的服务。现在需要实现以下目标：

（1）利用 IIS 架设单位内部 FTP 服务器。

（2）利用 IIS 架设单位内部 WEB 服务器。

（3）架设 DNS 服务器。

（4）基于 Windows Server 2003 的 DHCP 的实现和应用。

13.2 项目分析

在企业中，网络有多个网段，如果想实现多网段的计算机名称相互访问，WINS 服务可以帮你实现。本案例中，把这三个服务整合起来实现了一个综合案例，从案例中逐步理解三个服务的运行过程及原理。

13.3 知识探究

13.3.1 DHCP

在企业有大量的客户机的时候，DHCP 被用来统一分配 IP 地址，这个服务在企业中应用很广泛，有些是通过服务器来提供，有些是通过网络硬件来提供。DNS 实现名称解析，负责主机名和 IP 地址的相互转换。当在网络浏览器中输入 www. easthome. com 去访问网页的时候，公网的 DNS 服务器就起作用了。当企业的系统架构是域架构时，DNS 服务就保证了域的正常运行。DNS 服务是这三个服务中最复杂和最重要的服务。WINS 实现名称解析，负责把 NETBIOS 计算机名转换成 IP 地址。

13.3.2 任务实施过程（实训步骤、图形程序、测量记录、结果分析）

1. 先测试服务器与客户机的连通性

2. 再将服务器配置成域控，并将客户机加入域

（1）安装前的准备工作（必须安装在 NTFS 分区），以及域名称的策划（coolpen. net），然后放入 windows 2003 安装光盘。

（2）在"管理您的服务器"窗口中单击"添加或删除角色"超链接，接下

来按安装向导的提示来安装即可。在服务器角色对话框中选择"域控制器",在域名中输入"coolpen. net",其他按默认即可。配好后重启该服务器。

（3）通过"管理您的服务器"在"域控制器"右侧单击"管理 Active Directory中的用户和计算机",再通过打开的窗口新建一个用户"zhenxi",密码为"password"。

（4）在客户机打开"系统属性"对话框,到"计算机名"选项卡,点击"更改",在"隶属于"中选择"域"并输入"coolpen. net"。

13.4 项目实现

13.4.1 基于 Windows Server 2003 的 DHCP 的实现和应用

1. 任务目标

（1）掌握 IIS 中 FTP 服务器的安装与配置方法。

（2）掌握利用 IIS 6.0 建立网站的方法。

（3）掌握 DNS 完整的查询过程。

（4）理解 DHCP 的基本概念和运行原理。

2. 任务所需设备

电脑 4 台,Windows Server 2003 Enterprise Edition（简体中文企业版）安装光盘或镜像文件 VMware – workstation。

3. 任务实施步骤

（1）安装 DHCP 服务。

步骤1：打开"控制面板"→"添加/删除 Windows 组件",如图 13 – 1 所示。

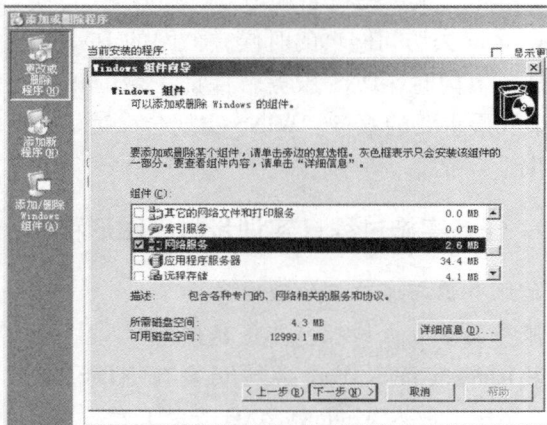

图 13 –1　添加/删除 Windows 组件

步骤2：选择"网络服务"，点击"详细信息"，勾选"动态主机配置协议（DHCP）"，如图13-2至图13-4所示。

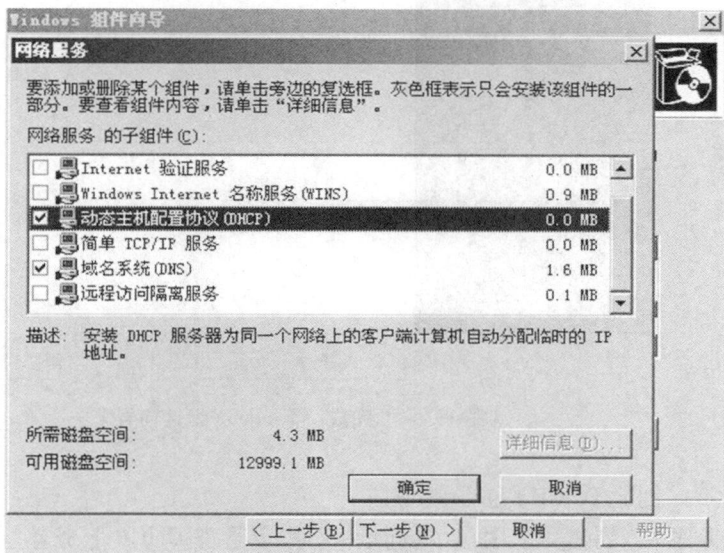

图13-2　勾选协议

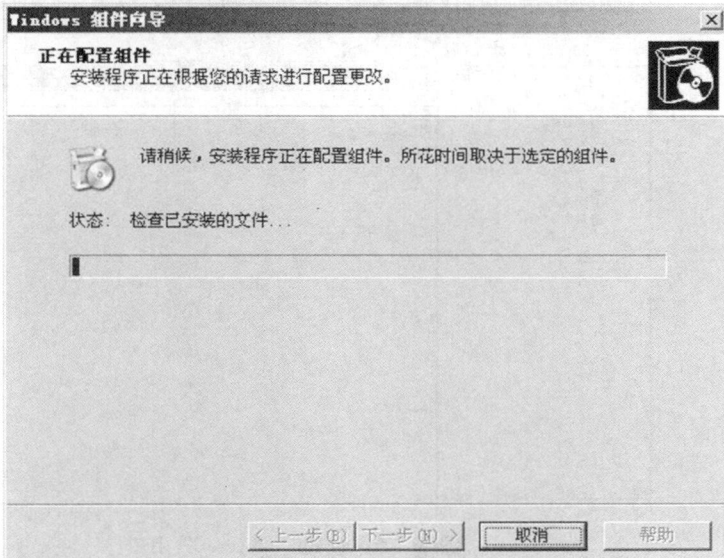

图13-3　正在配置组件

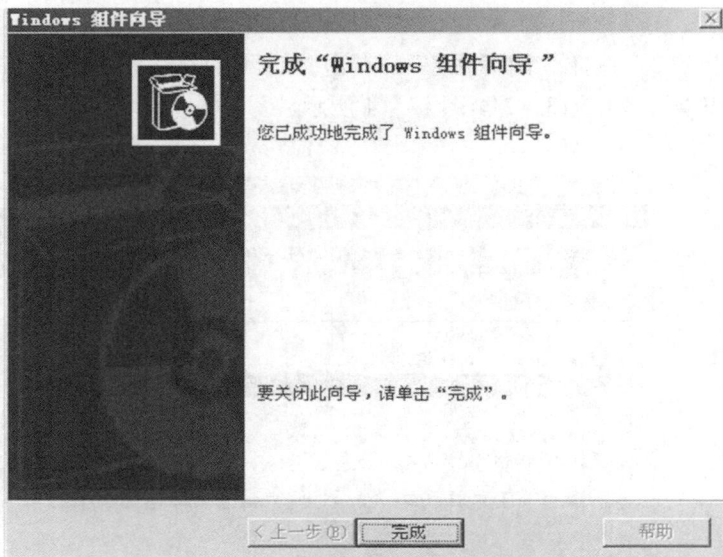

图 13 - 4　完成"Windows 组件向导"

（2）创建 DHCP 用户。

步骤 1：创建一个用户"longerer"用于管理 DHCP 服务器（在域中），如图 13 - 5 所示。

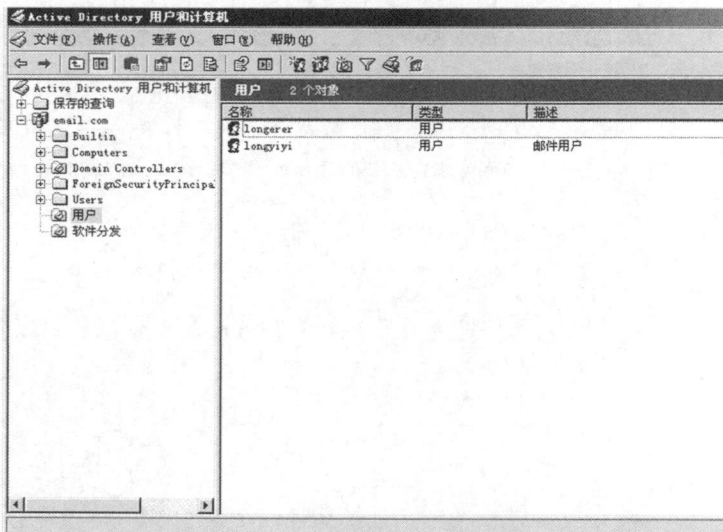

图 13 - 5　创建"longerer"用户

步骤 2：新建的用户"longerer"只拥有 user 权限，如图 13 - 6 所示。

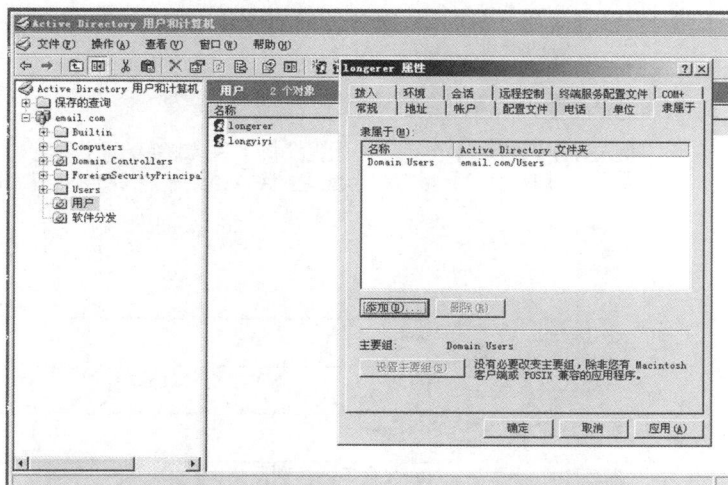

图 13－6　"longerer" 只拥有 user 权限

步骤 3：为用户增加 DHCP 服务器管理权限，加入 "DHCP administrators" 组，如图 13－7 所示。

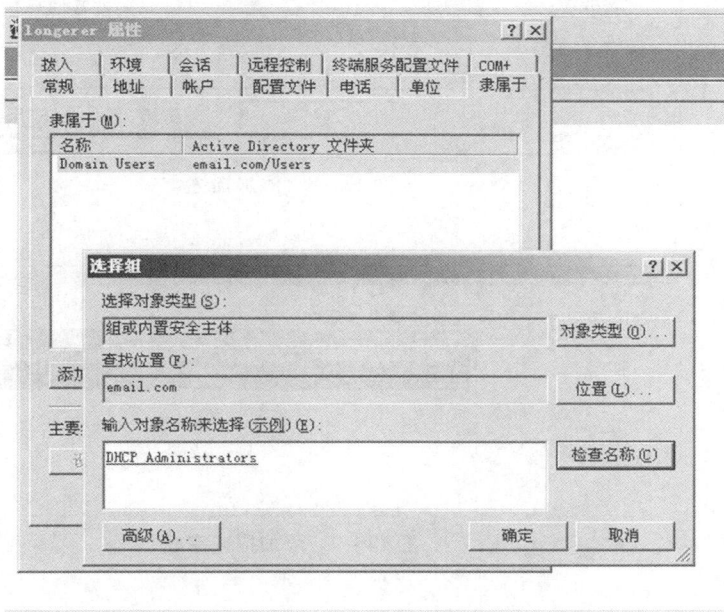

图 13－7　选择组

步骤 4：添加描述 "DHCP 服务器管理员"，如图 13 - 8、图 13 - 9 所示。

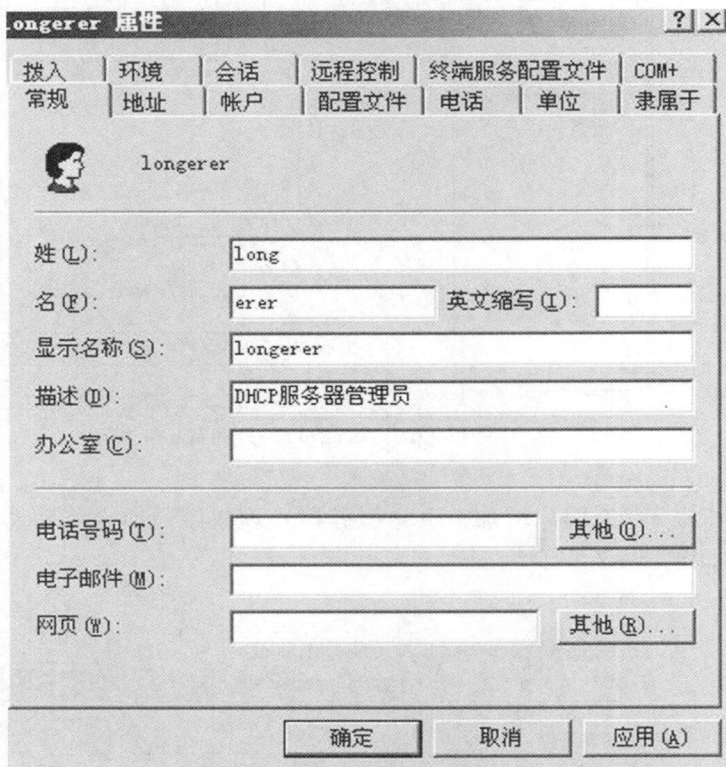

图 13 - 8　添加描述

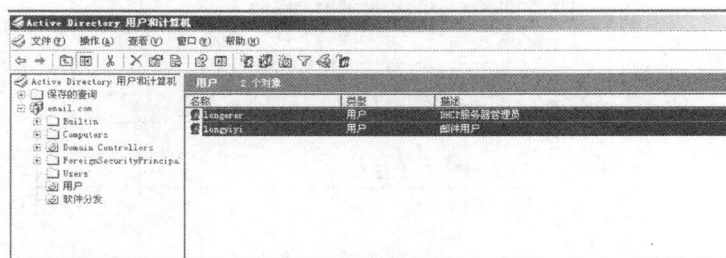

图 13 - 9　添加描述完成

（3）授权 DHCP 服务器（AD 使用）。

步骤 1：右键单击"DHCP"，选择"管理授权的服务器"命令，如图 13 - 10 所示。

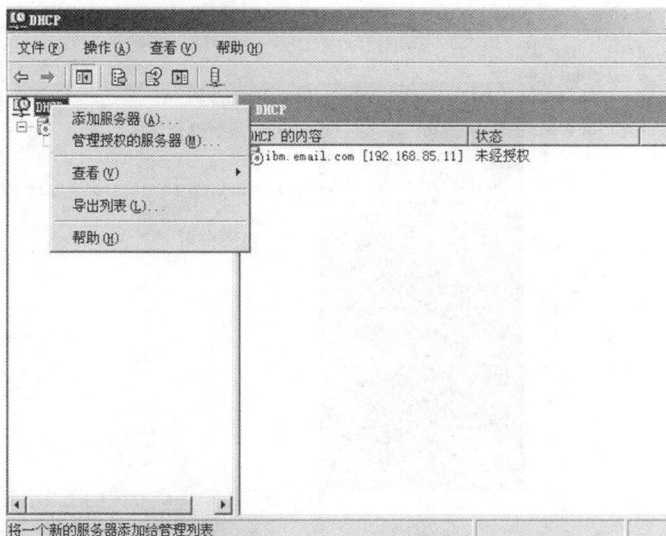

图 13 - 10　授权 DHCP 服务器

步骤 2：输入授权 IP。在"指定一个 DHCP 服务器"对话框中输入 DNS 名称或 IP 地址。如果用户想使用本机作为 DHCP 服务器，可输入与前面配置 TCP/IP 协议和安装活动目录时一致的 DNS 名称或 IP 地址，如图 13 - 11 所示。

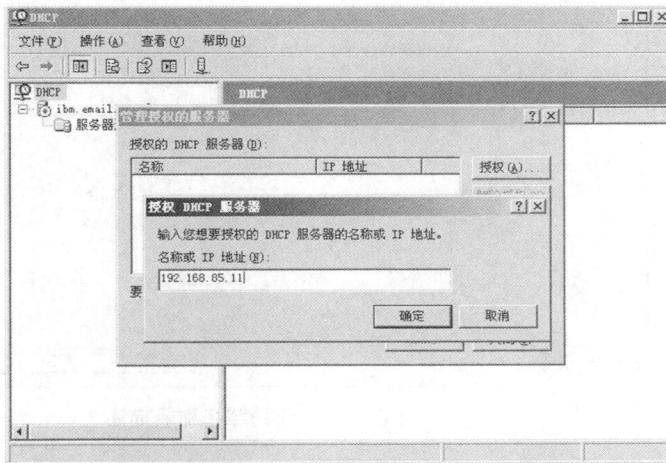

图 13 - 11　输入授权 IP

（4）配置作用域。

步骤 1：右键点击服务器，选择"新建作用域"，如图 13 – 12、图 13 – 13 所示。

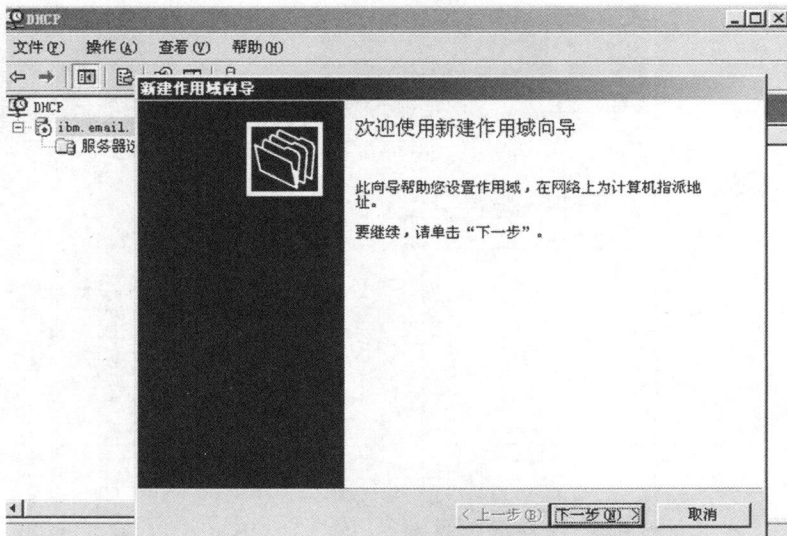

图 13 – 12　新建作用域

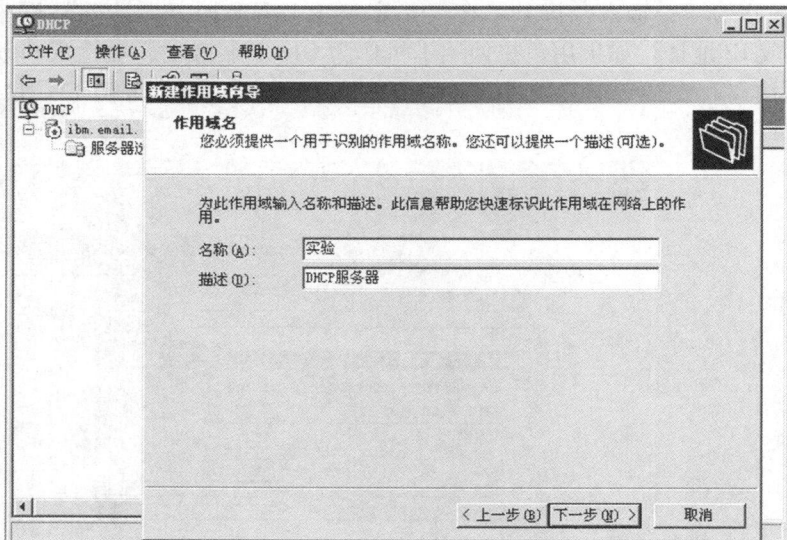

图 13 – 13　作用域名称及描述

步骤2：输入为此作用域分配的IP地址范围，如图13–14所示。

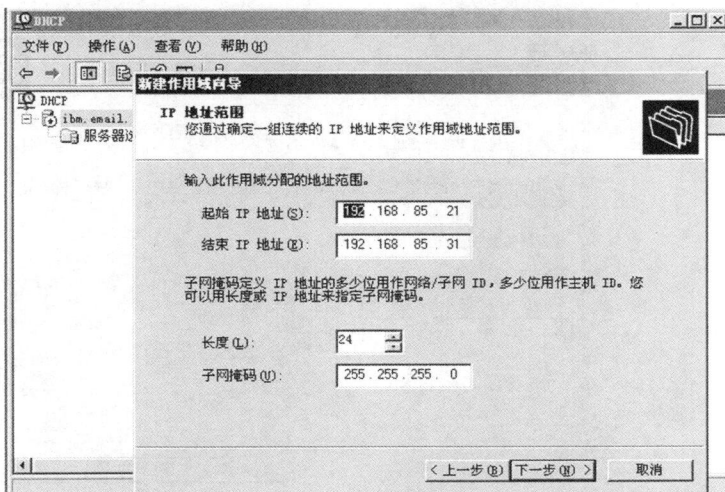

图13–14　作用域IP地址范围

步骤3：可以输入排除的IP地址范围，即服务器不分配的IP地址范围（通常是服务器IP地址），如图13–15所示。

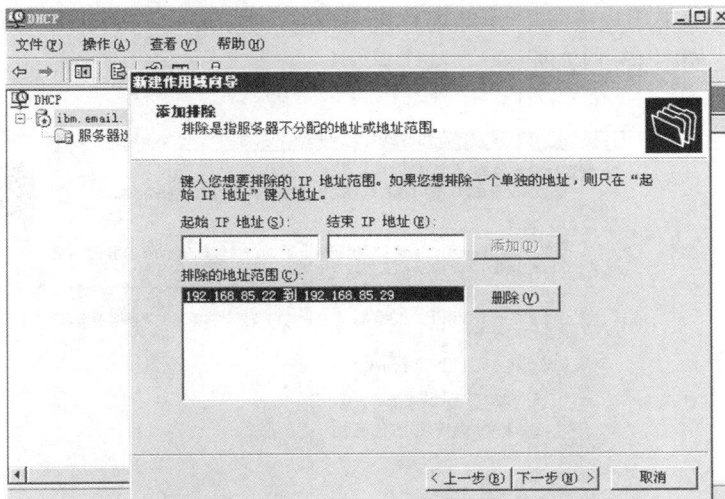

图13–15　作用域排除的IP地址范围

步骤4：租约期限一般默认为8天，如图13-16所示。

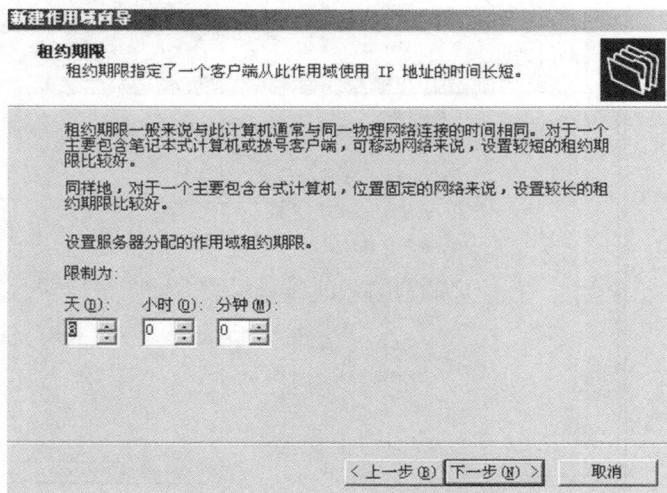

图13-16　作用域租约期限

步骤5：配置DHCP选项，DHCP服务器给客户机分配IP地址的同时还会将相关的诸如网关、DNS服务器和Windows Internet命名服务器设置提供给客户机。如果用户想立即配置最常用的DHCP选项，可选定"是，我想现在配置这些选项"。如果用户准备以后再进行配置的话，可选定"否，我想稍后配置这些选项"，如图13-17所示。

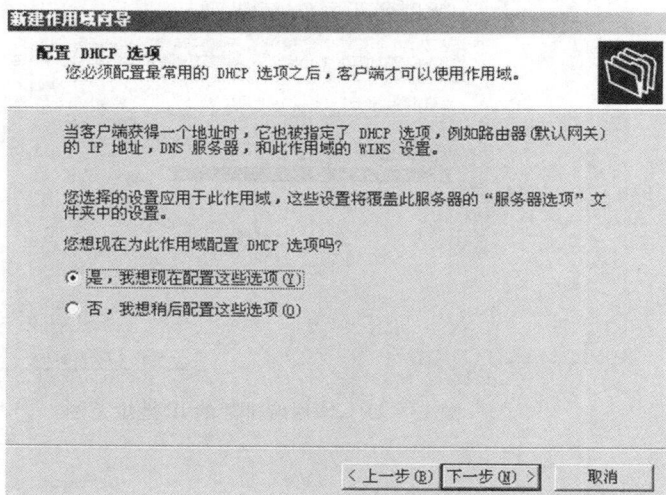

图13-17　配置DHCP选项

步骤 6：添加客户端网关地址，如图 13－18 所示。

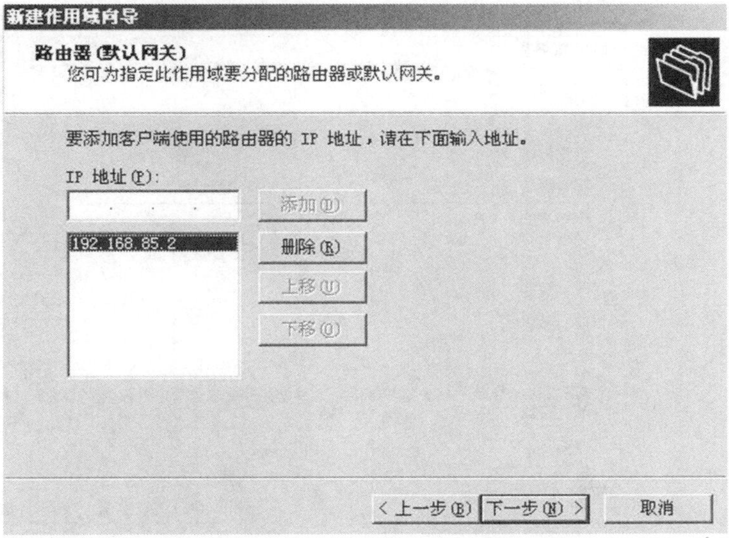

图 13－18　添加客户端网关地址

步骤 7：填写域和 DNS 信息，如图 13－19 所示。

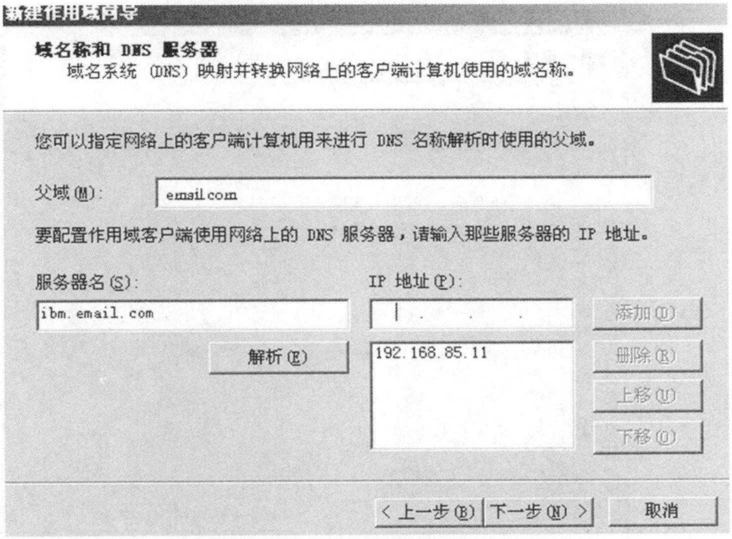

图 13－19　填写域和 DNS 信息

步骤 8：添加 WINS 服务器，如图 13 - 20 所示。

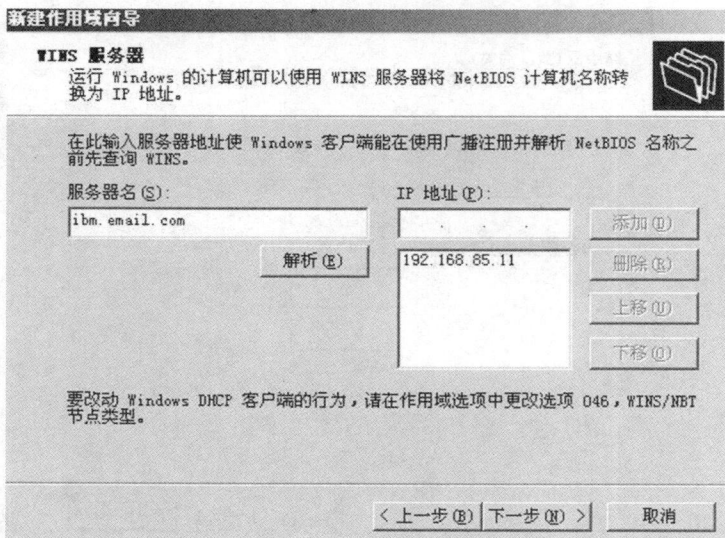

图 13 - 20　添加 WINS 服务器

步骤 9：可以选择现在激活此作用域，如图 13 - 21、图 13 - 22 所示。

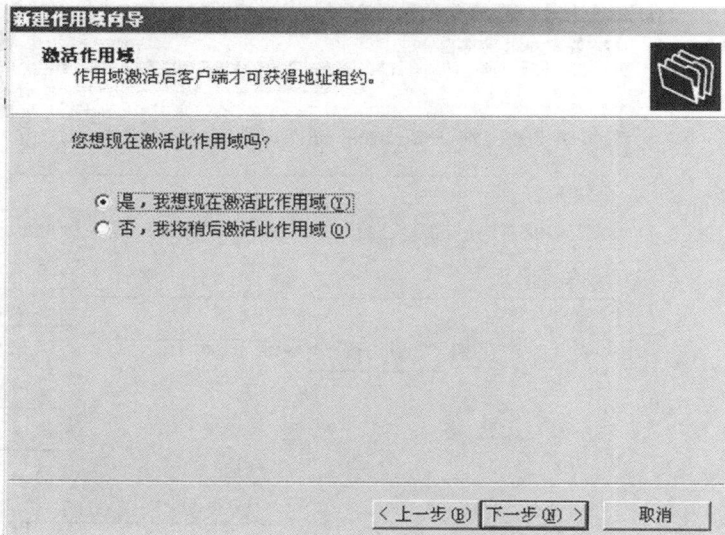

图 13 - 21　激活作用域

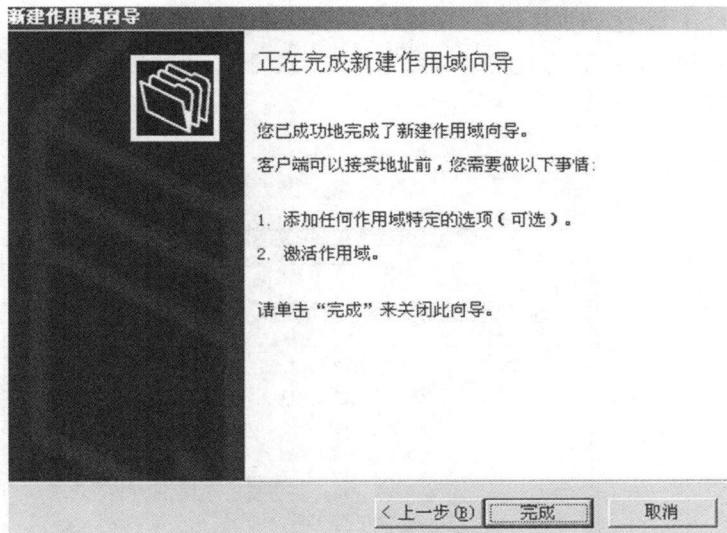

图 13－22　完成新建作用域

步骤 10：也可以选择稍后激活，然后右键点击作用域，选择激活作用域，如图 13－23 所示。

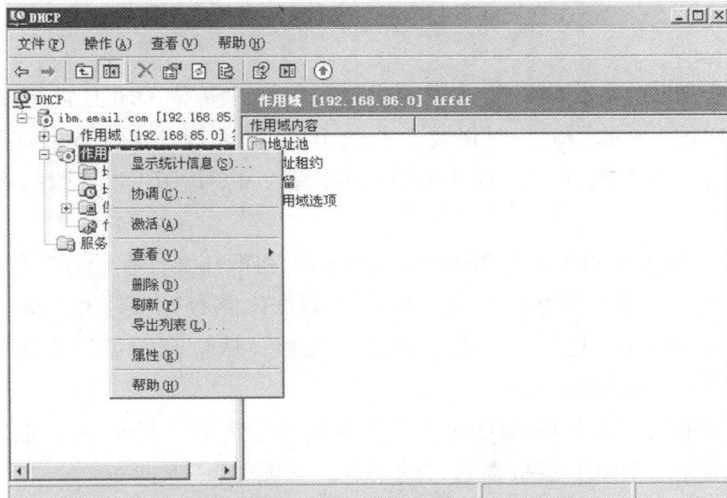

图 13－23　激活作用域的另一种方法

（5）设置 DHCP 服务器属性。

步骤1：右击选定服务器，选择"属性"，根据实际要求作出更改，如图13 –24所示。

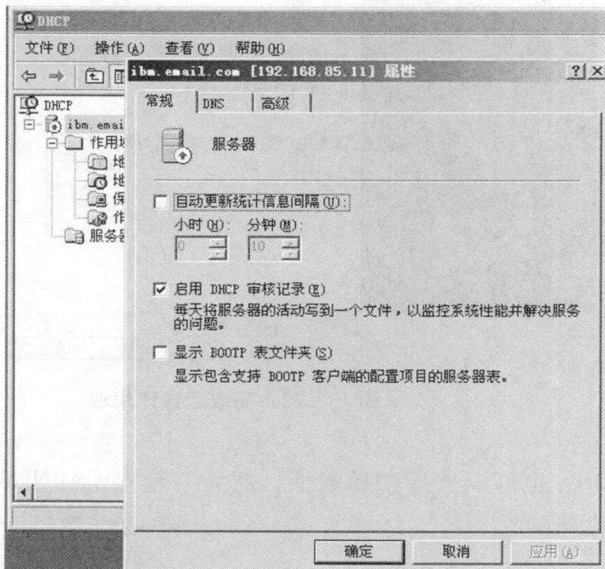

图 13 – 24　设置 DHCP 服务器属性

步骤2：在"高级"选项卡中，如果用户希望 DHCP 把 IP 地址租给客户之前，DHCP 服务器能够对将要分配的 IP 地址进行一定次数的冲突检测，可以通过"冲突检测次数"设置冲突检测的次数，以使 DHCP 按照指定的次数对 IP 地址进行检测。

如果用户希望更改 DHCP 中的数据库和审核文件在硬盘中的存储位置，可以分别在"审核文件路径"文本框和"数据库路径"文本框中输入指定的完整路径。另外，用户还可以单击"浏览"按钮，从打开的窗口中为审核文件或数据库选择一个存储路径。

如果用户需要更改 DHCP 服务器连接的绑定，可单击"绑定"按钮，系统会自动完成 DHCP 服务器连接的绑定，如图 13 – 25 所示。

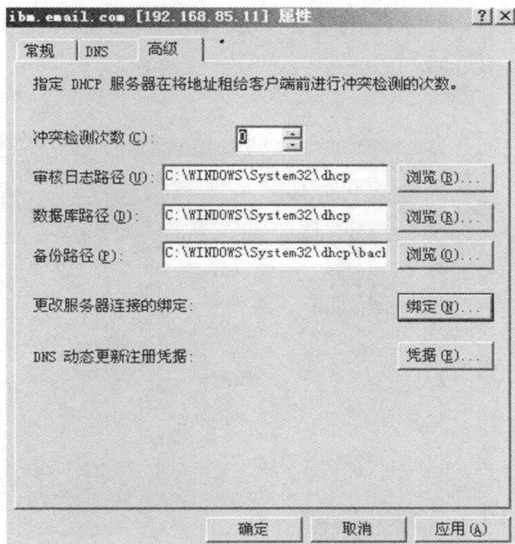

图 13 – 25 "高级"选项卡

步骤 3：配置客户端保留，保留可以保证 DHCP 客户端永远可以得到同一个 IP 地址。右键点击"保留"，新建保留，如图 13 – 26 所示。

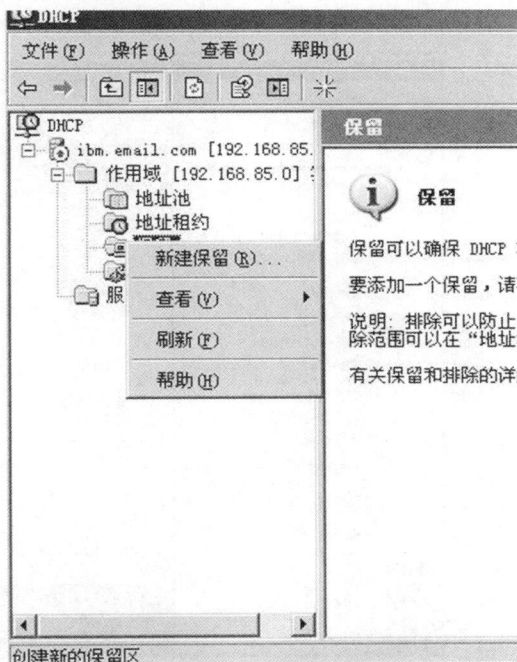

图 13 – 26 配置客户端保留

123

步骤4：输入要保留的客户端的 MAC 地址和为其保留的 IP 地址，如图 13-27所示。

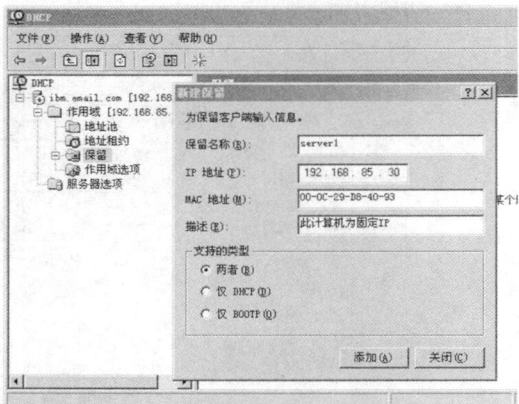

图 13-27　为保留客户端输入信息

（6）删除 DHCP 服务器。

打开控制台，右键点击需要删除的服务器，选择"删除"，如图13-28、图 13-29 所示。

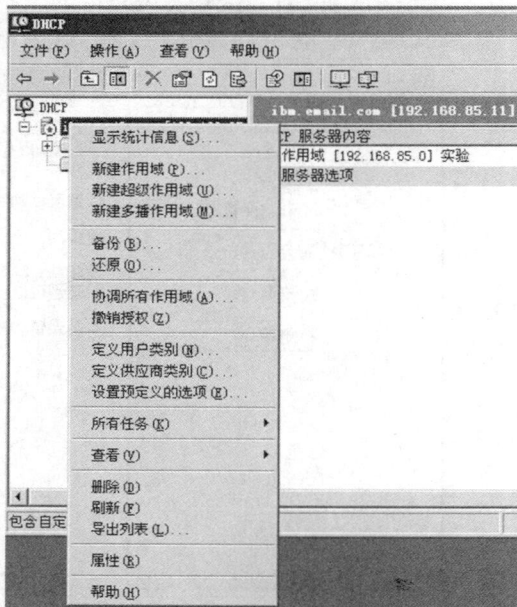

图 13-28　删除 DHCP 服务器

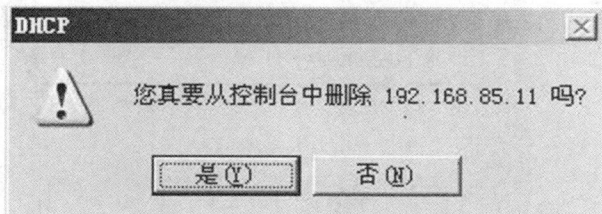

图 13 – 29　确认删除对话框

（7）DHCP 客户端配置。

步骤 1：设置 TCP/IP 属性，选择"自动获得 IP 地址"，如图 13 – 30 所示。

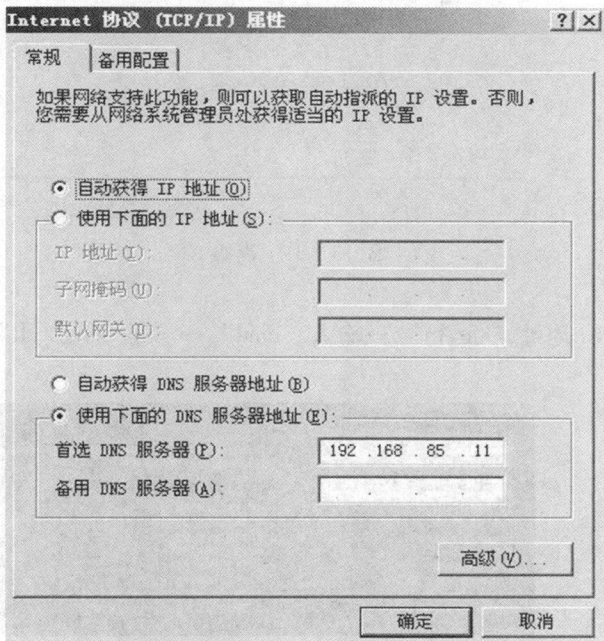

图 13 – 30　设置 TCP/IP 属性

　　步骤 2：选择"高级"，打开"WINS"选项卡，选择"启用 LMHOSTS 查找"，选择后可将远程计算机解析为 IP 地址。因为采用了动态 IP 地址，所以在"NetBIOS 设置"中选择"默认"，如图 13 – 31 所示。

125

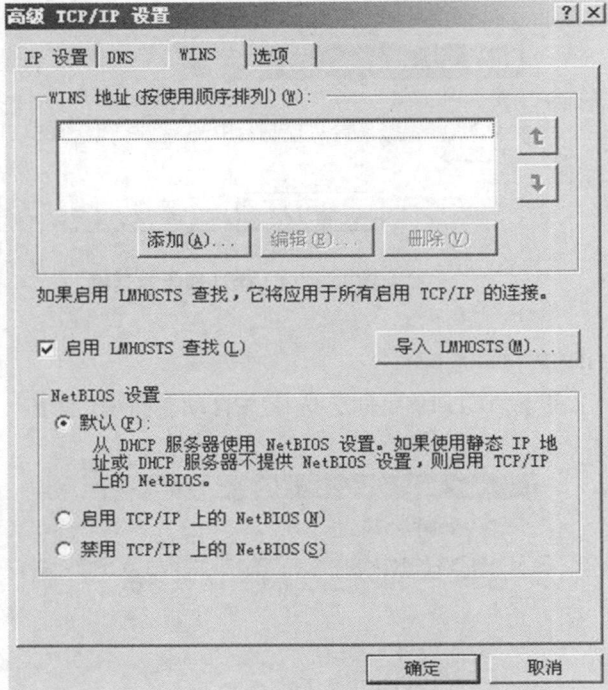

图 13 – 31　高级 ICP/IP 设置

查看 IP 地址，"运行"→输入"cmd"→"ipconfig /all"，如图 13 – 32 所示。

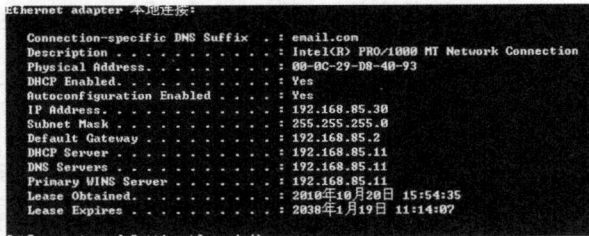

图 13 – 32　查看 IP 地址

注意：如果是在虚拟机中做此实验，需要禁用虚拟机的网络连接，否则客户机会自动选择 192.168.85.254 的 DHCP 服务器；如图 13 – 33 所示。

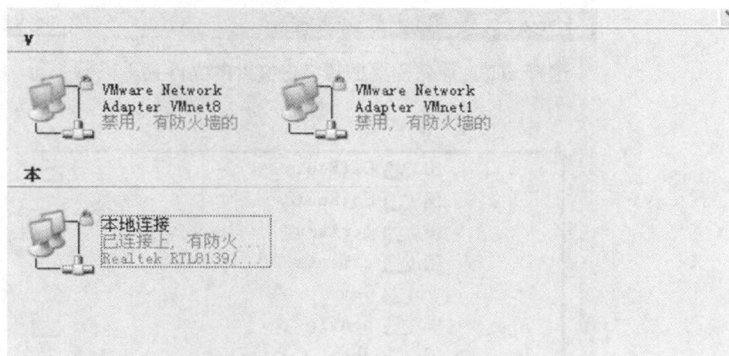

图 13 - 33　禁用虚拟机的网络连接

（8）备份、还原 DHCP 服务器配置信息。

步骤 1：打开控制台，选择要备份的 DHCP 服务器，点击右键，选择"备份"，如图 13 - 34 所示。

图 13 - 34　备份 DHCP 服务器配置信息

步骤 2：选择备份路径，默认存放在 C 盘的"Windows\system32\dhcp\backup"目录下。也可以手动修改备份路径,如图 13 - 35 所示。

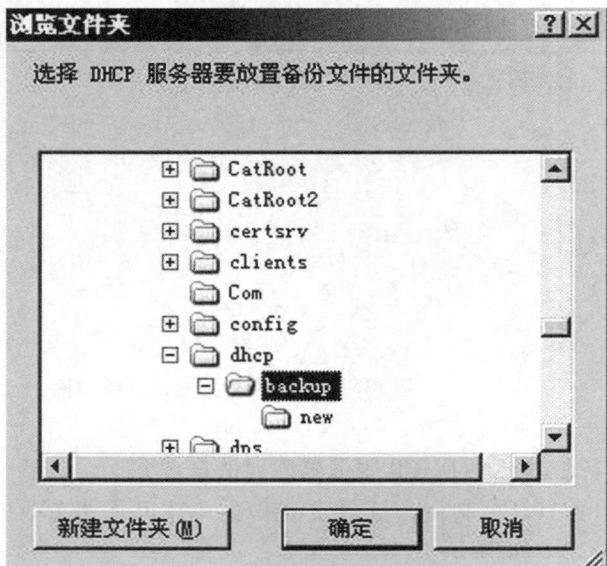

图 13-35　选择备份路径

步骤 3：当配置出现错误时，我们需要还原 DHCP 服务器的配置信息，右键点击需要还原的服务器，选择"还原"，如图 13-36 所示。

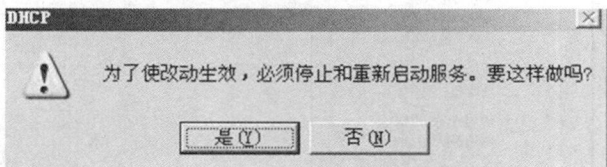

图 13-36　"还原"对话框

重启，还原完毕。

（9）DHCP 中继代理。

如果客户机与 DHCP 服务器不在同一个网段，那么客户机的请求将无法到达服务器，也就不能获得服务了。

解决方法：在与客户机同一个 Lan 内添加一个 DHCP 中继服务器，这个中继服务器可以是支持 DHCP 中继的交换机，也可以是 Windows Server 2003。下面以 Windows Server 2003 为例。

步骤 1：单击"开始"→"管理工具"→"路由和远程访问"。一般情况下此项服务未启用，右键单击服务器名称，选择配置，单击"下一步"继续，如图 13-37 所示。

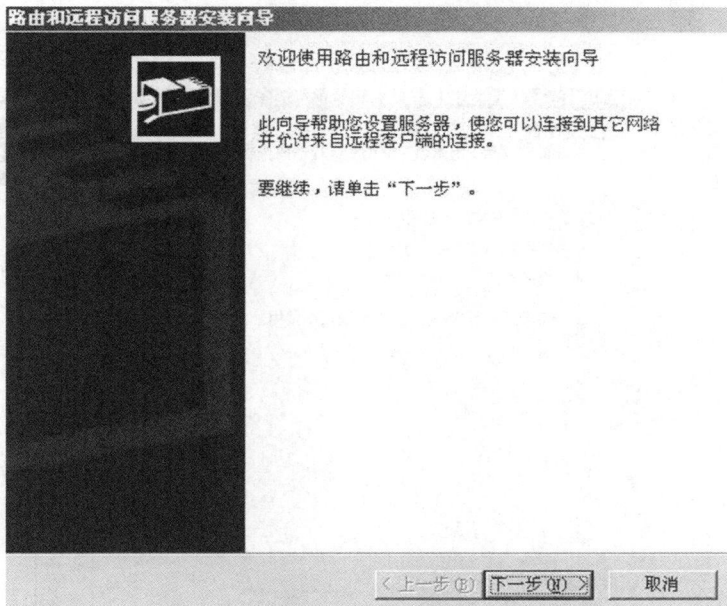

图 13 – 37　配置路由和远程访问服务器

步骤 2：选择自定义配置，如图 13 – 38 所示。

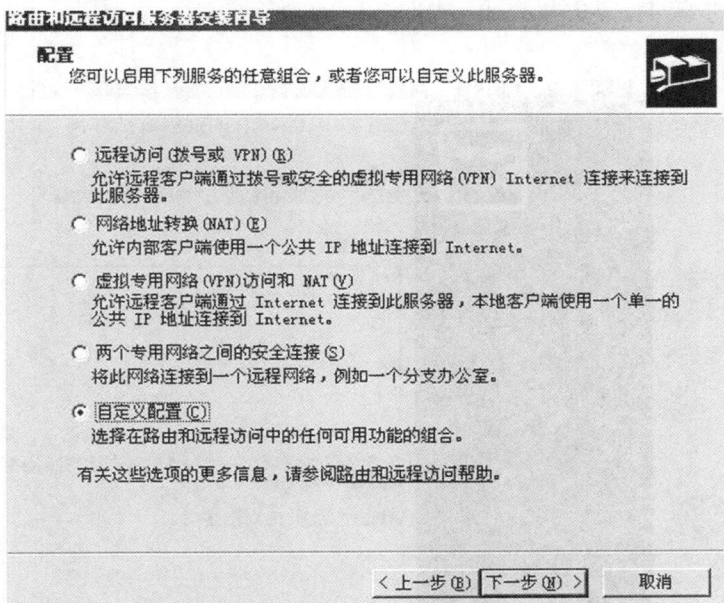

图 13 – 38　自定义配置

步骤 3：选择 LAN 路由，如图 13 – 39 所示。

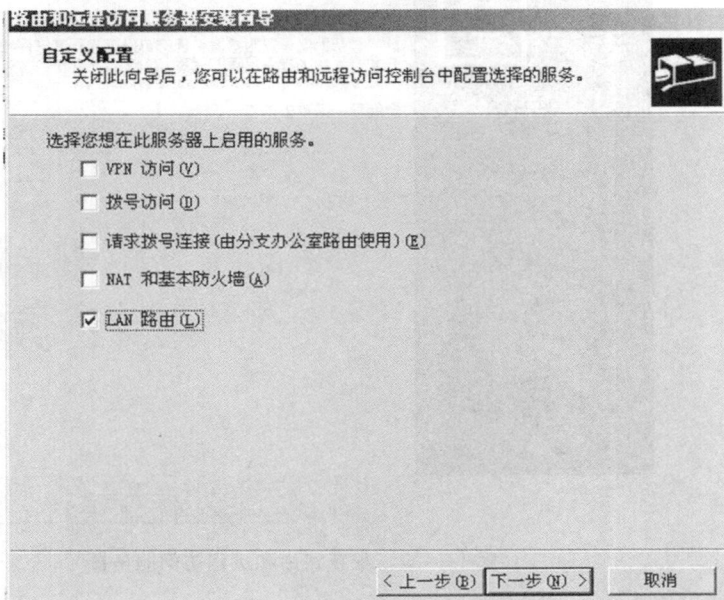

图 13 – 39　选择 LAN 路由

步骤 4：点击"完成"如图 13 – 40 所示。

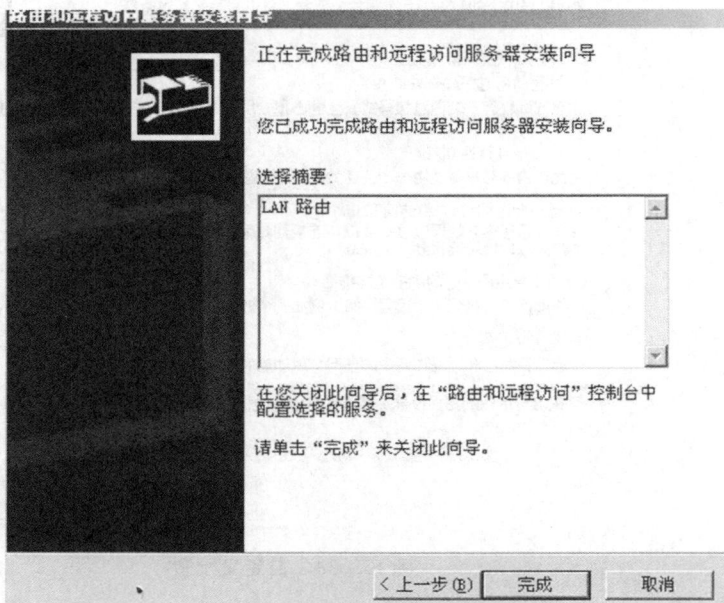

图 13 – 40　完成配置

步骤5：点击"是"继续，如图13－41所示。

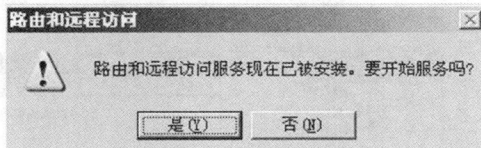

图13－41　"路由和远程访问"确认对话框

步骤6：单击"IP路由选择"，右键点击"常规"，选择"新增路由协议"，如图13－42所示。

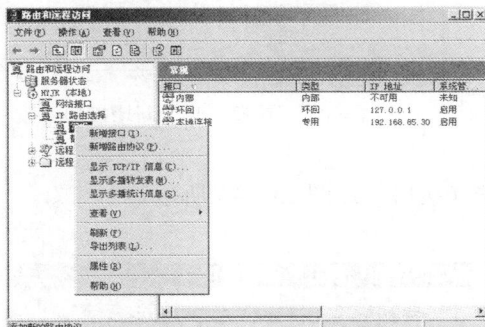

图13－42　新增路由协议

步骤7：选择"DHCP中继代理程序"，如图13－43所示。

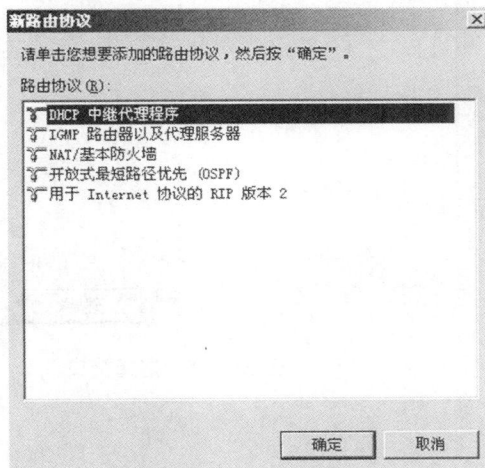

图13－43　DHCP中继代理程序

步骤8：选择"IP 路由选择"→"DHCP 中继代理程序"→右键选择"新增接口"，如图 13 - 44 所示。

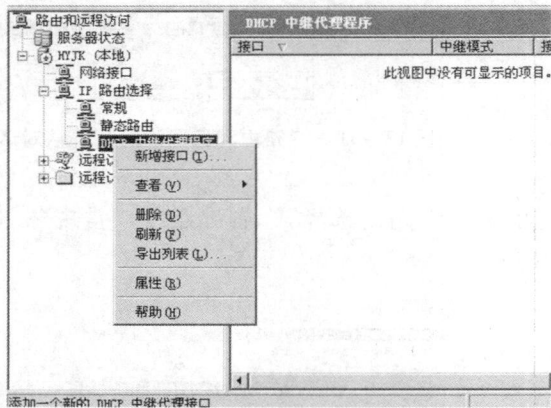

图 13 - 44　新增接口

步骤9：选择接口，如图 13 - 45 所示。

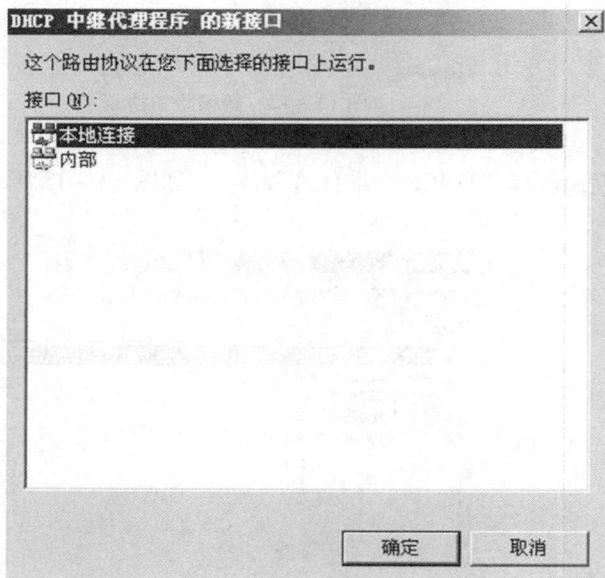

图 13 - 45　选择接口

步骤 10：点击"确定"，DHCP 中继代理配置完成，如图 13 - 46 所示。

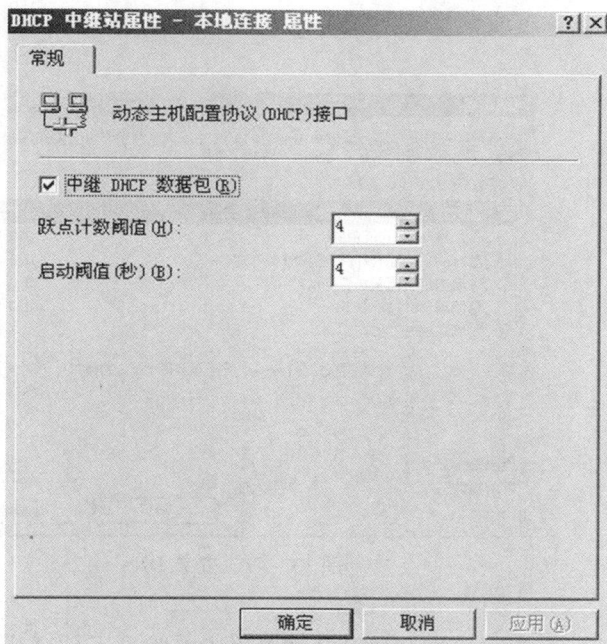

图 13 - 46   完成配置

13.4.2   架设 DNS 服务器

1. 任务目标

（1）掌握 IIS 中 FTP 服务器的安装与配置的方法。

（2）掌握利用 IIS 6.0 建立网站的方法。

（3）掌握 DNS 完整的查询过程。

（4）理解 DHCP 的基本概念和运行原理。

2. 任务所需设备

电脑 4 台，Windows Server 2003 Enterprise Edition（简体中文企业版）安装光盘或镜像文件 VMware - workstation。

3. 任务实施步骤

步骤1：利用"添加/删除 Windows 组件"实现 DNS 的安装，如图 13 – 47 所示。

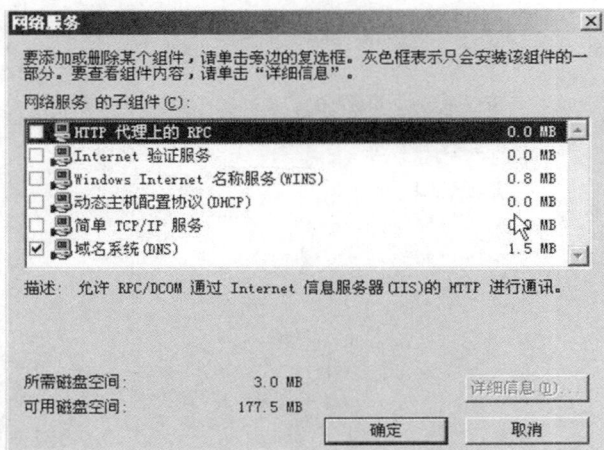

图 13 –47　安装 DNS

步骤2：安装完成后，通过开始菜单中的管理工具打开 DNS。创建"正向查找区域"，如图 13 –48 所示。

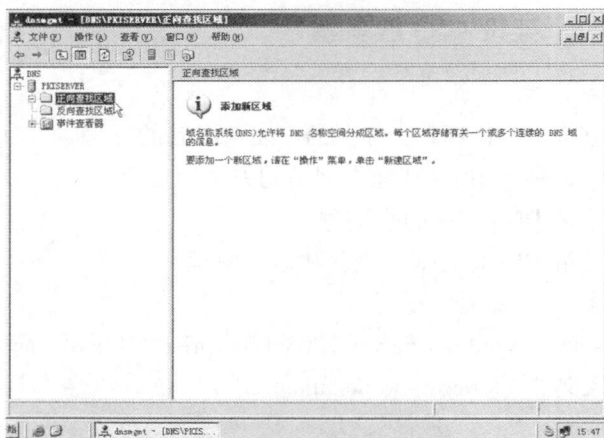

图 13 –48　创建"正向查找区域"

步骤3：在创建的过程中选择"主要区域"，另外一定要勾选"在 Active Directory中存储区域……"，如图 13-49 所示。

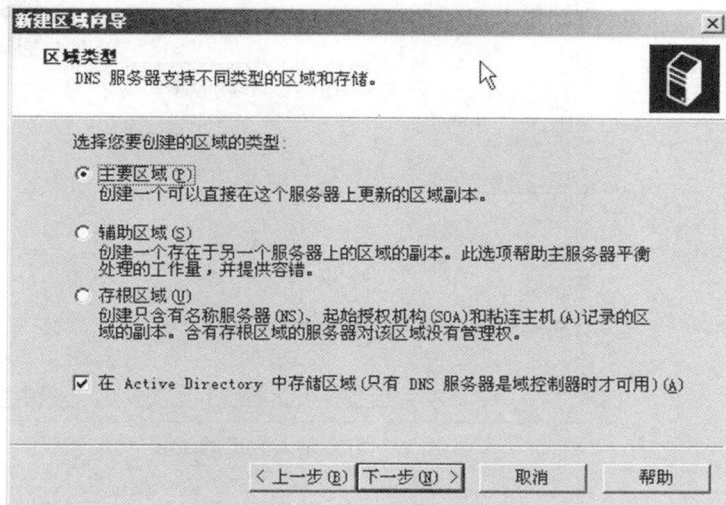

图 13-49　选择"主要区域"

步骤4：选择 AD 区域复制的类型，如图 13-50 所示。

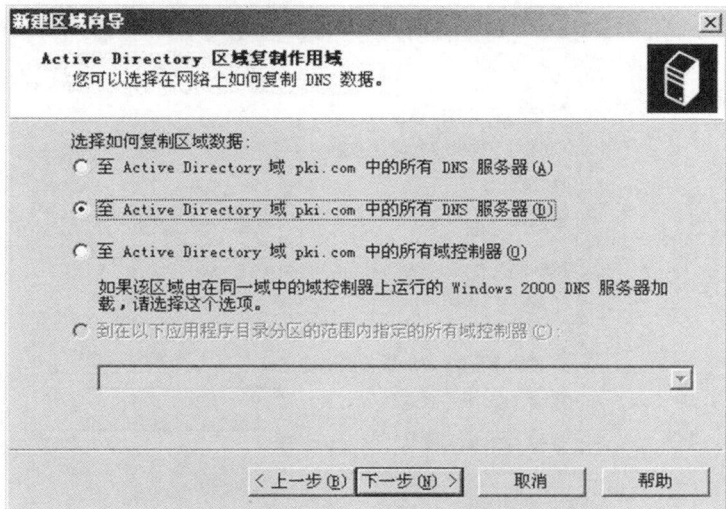

图 13-50　选择 AD 区域复制的类型

步骤5：输入合适的域名，如图 13 – 51 所示。

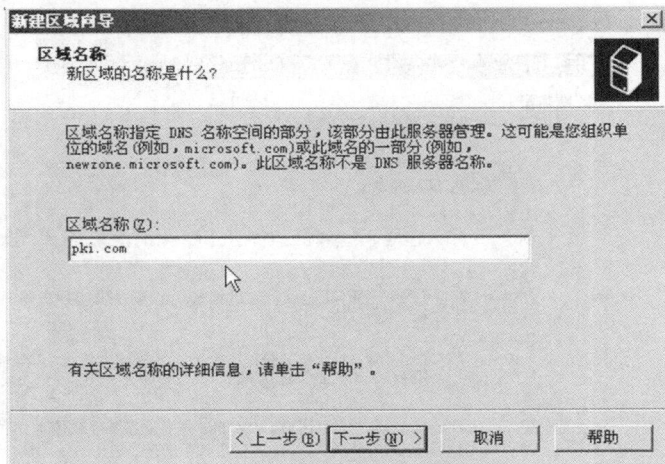

图 13 – 51　输入合适的域名

步骤6：通过静态方式指定客户端依赖的 DNS 地址，如图 13 – 52 所示。

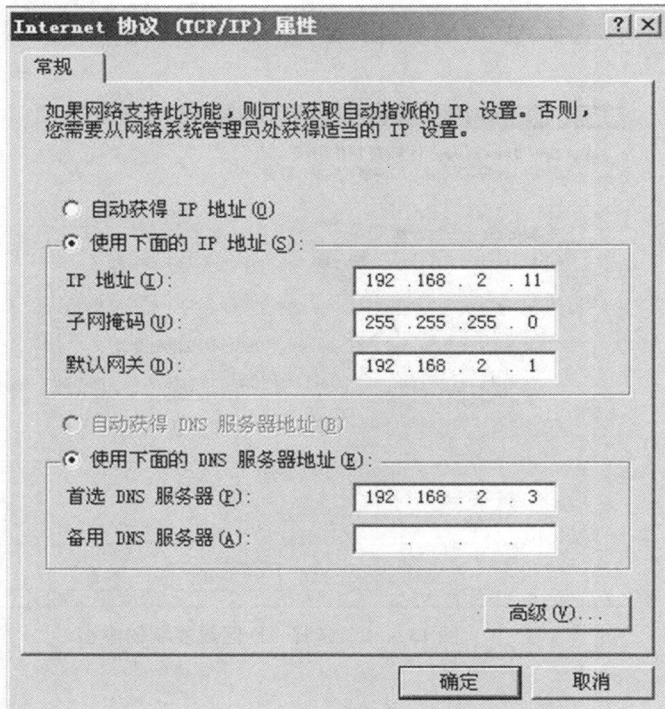

图 13 – 52　指定 DNS 地址

13.4.3　利用 IIS 架设单位内部 WEB 服务器

1. 任务目标

（1）掌握 IIS 中 FTP 服务器的安装与配置方法。

（2）掌握利用 IIS 6.0 建立网站的方法。

（3）掌握 DNS 完整的查询过程。

（4）理解 DHCP 的基本概念和运行原理。

2. 任务所需设备

电脑 4 台，Windows Server 2003 Enterprise Edition（简体中文企业版）安装光盘或镜像文件 VMware – workstation。

3. 任务实施步骤

（1）安装 Web 服务器。

步骤 1：进入"控制面板"，双击"添加/删除程序"，再单击"添加/删除 Windows 组件"。

步骤 2：在"组件"列表框中，双击"应用程序服务器"。

步骤 3：双击"Internet 信息服务（IIS）"。

步骤 4：从中选择"万维网服务"及"文件传输协议（FTP）服务"。

步骤 5：双击"万维网服务"，从中选择"Active Server Pages"及"万维网服务"等。

（2）安装好 IIS 后，接着设置 Web 服务器。

步骤 1：在"开始"菜单中选择"管理工具"→"Internet 信息服务（IIS）管理器"。

步骤 2：在"Internet 信息服务（IIS）管理器"中双击"本地计算机"。

步骤 3：右击"网站"，在弹出菜单中选择"新建"→"网站"，打开"网站创建向导"。

步骤 4：依次填写"网站描述"（coolpen. net 的网站）、"IP 地址"（192. 168. 1. 30）、"端口号"（80）、"路径"（d：\ zhenxi）和"网站访问权限"（读取、目录浏览、记录访问、索引资源）等。最后，为了便于访问，还应设置默认文档（Index. asp、Index. htm）。

步骤 5：创建虚拟目录（d：\ zhenxi），命名为"zhenxi"，虚拟目录访问权限为"读取、运行脚本"。

步骤 6：在本地计算机上输入"http：//本机 IP"，测试成功后会在浏览器显示想要的网页。

步骤 7：在客户机输入"http：//本机 IP"，测试成功就可以了，如图 13 – 53 至图 13 – 55 所示。

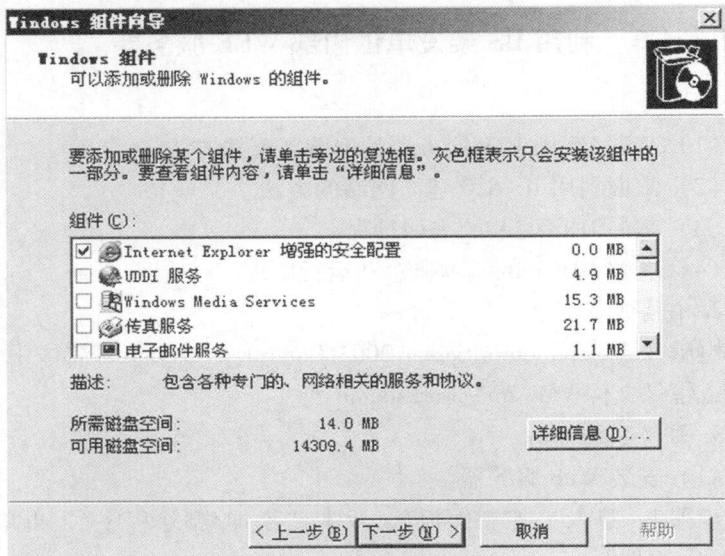

图 13 – 53　IE 配置

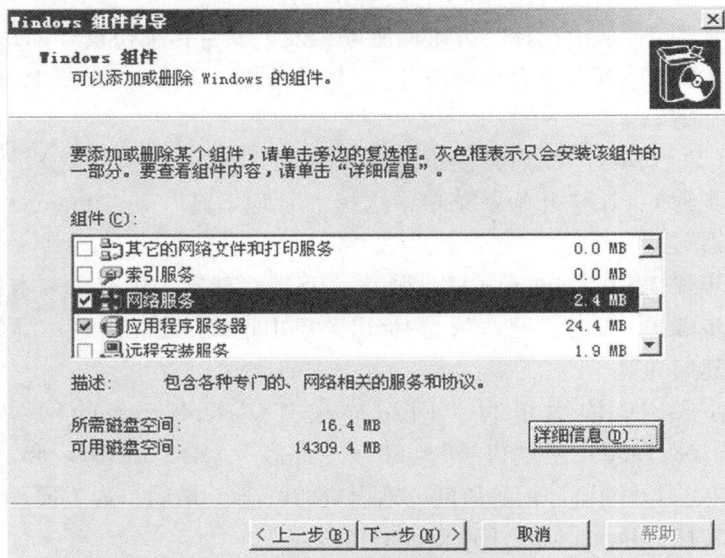

图 13 – 54　网络服务配置

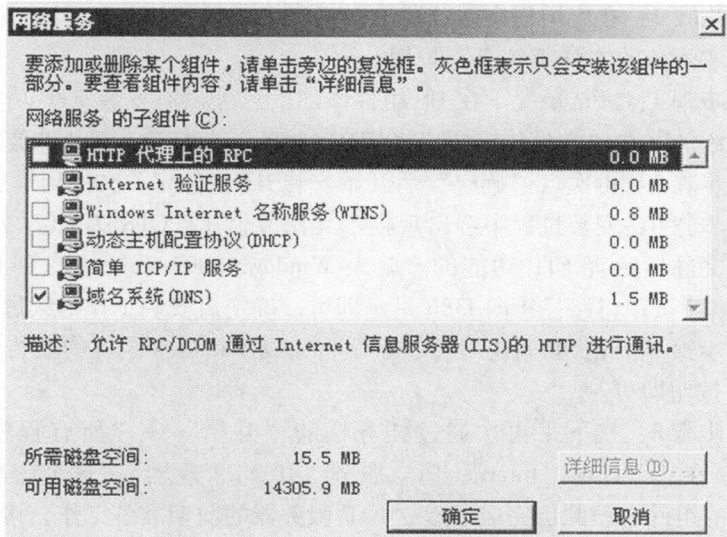

图 13 - 55　HTTP 配置

（3）右击"我的电脑"→"管理"→"服务和应用程序"→"Internet 信息服务"→打开 web 服务器管理（IIS）。

（4）新建站点：右击"Internet 信息服务"下的网站，"新建"→"站点"→"下一步"→输入网站的描述→"下一步"。

13.4.4　利用 IIS 架设单位内部 FTP 服务器

1. 任务目标

（1）掌握 IIS 中 FTP 服务器的安装与配置方法。

（2）掌握利用 IIS 6.0 建立网站的方法。

（3）掌握 DNS 完整的查询过程。

（4）理解 DHCP 的基本概念和运行原理。

2. 任务所需设备

电脑 4 台，Windows Server 2003 Enterprise Edition（简体中文企业版）安装光盘或镜像文件 VMware - workstation。

3. 任务实施步骤

（1）IIS 组件的安装。

步骤 1：通过任务栏的"开始"→"所有程序"→"控制面板"→"添加/删除程序"来安装 IIS 组件。

步骤 2：在"添加/删除程序"窗口中的左边选择"添加/删除 Windows 组件"。等待一段时间后会弹出 Windows 组件向导，选择"应用程序服务器"，然后点右下角的"详细信息"按钮。

步骤3：在应用程序服务器设置窗口中找到"Internet 信息服务（IIS）"，继续点右下角的"详细信息"按钮。

步骤4：默认情况下在 IIS 组件详细信息处没有安装 FTP 功能组件，因此需将其添加。在"文件传输协议（FTP）服务"前打钩，接下来点"确定"按钮。

步骤5：再次点"确定"后开始安装 IIS 组件相关文件到本地硬盘。

步骤6：安装过程中会出现提示无法复制 FTPCTRS2. DLL 文件的错误信息。这个文件是负责 FTP 功能的。放入 Windows 2003 系统光盘到光驱中，并通过"浏览"按钮将路径指向 I386 目录即可。确定后安装工作继续进行。

步骤7：经过短暂的等待，系统将完成 Windows 组件的安装工作，点击"完成"按钮即可。

步骤8：接下来再次通过任务栏的"开始"→"所有程序"→"管理工具"，在其下找到"Internet 信息服务（IIS）管理器"，这个就是我们用来建立 FTP 的组件。至此也完成了建立 FTP 服务器的前期准备工作，接下来进行具体的配置工作。

（2）用 IIS 建立 FTP 服务器。

步骤1：通过任务栏的"开始"→"所有程序"→"管理工具"，在其下找到"Internet 信息服务（IIS）管理器"，打开管理器后会发现在最下方有一个"FTP 站点"的选项，我们就是要通过它来建立 FTP 服务器。

步骤2：默认情况下 FTP 站点有一个默认的 FTP 站点，把系统目录改为"d:\zhenxi"文件夹即可。用户登录默认的 FTP 站点时将会看到放到该目录中的资源。

步骤3：不过，如果不想使用默认设置和默认路径的话可以进行修改，方法是在"默认 FTP 站点"上点鼠标右键选择"新建"→"FTP 站点"。

步骤4：在启动的 FTP 站点创建向导中我们可以自定义 FTP 服务器的相关设置，点击"下一步"后继续。

步骤5：为 FTP 站点起一个名，这里设置为 coolpen. net 的 FTP。

步骤6：为此 FTP 站点设置一个可用的 IP 地址，选择"192. 168. 1. 30"，也可以选择"全部未分配"，这样系统将会使用所有有效的 IP 地址作为 FTP 服务器的地址。同时 FTP 服务器对外开放服务的端口是多少也是在此进行设置的，默认情况下为 21。

步骤7：接下来是 FTP 用户隔离设置，选择"不隔离用户"，那么用户可以访问其他用户的 FTP 主目录，另外也可以选择"AD 隔离用户"，主要看情况而言。

步骤8：选择 FTP 站点的主目录，默认为系统目录下的"inetpub"目录中的"FTPROOT"文件夹。我们也可以进行修改，即通过右边的"浏览"按钮设置为"d:\zhenxi"。

步骤9：然后设置用户访问权限，只有两种权限提供给我们进行设置，依次为"读取"和"写入"，我们设置为"读取"和"写入"，再点击"确定"即可。

步骤10：再次返回到"Internet 信息服务（IIS）管理器"中，在 FTP 站点下的"coolpen.net 的 FTP"上点击鼠标右键选择"启动"来开启该 FTP。

步骤11：再在客户机的 IE 浏览器中输入"ftp：//本机 IP"，通过打开的窗口进行上传和下载的工作，如图 13－56 至 13－68 所示。

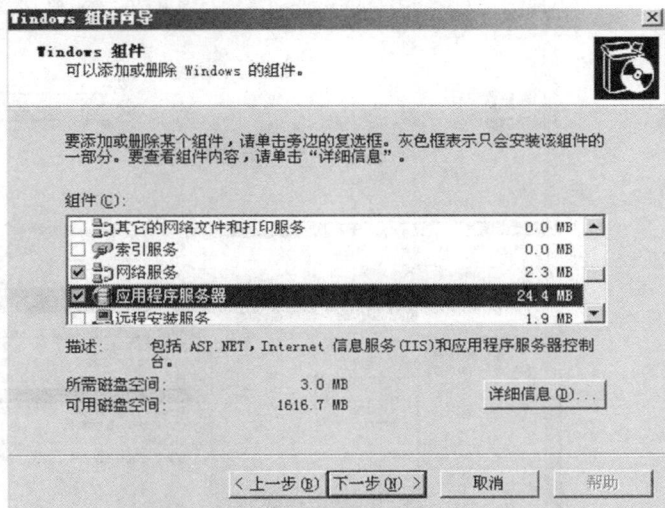

图 13－56　应用程序服务器

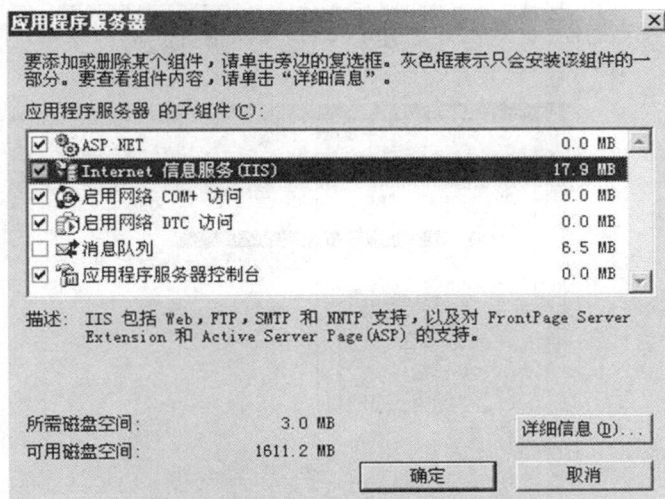

图 13－57　Internet 信息服务（IIS）

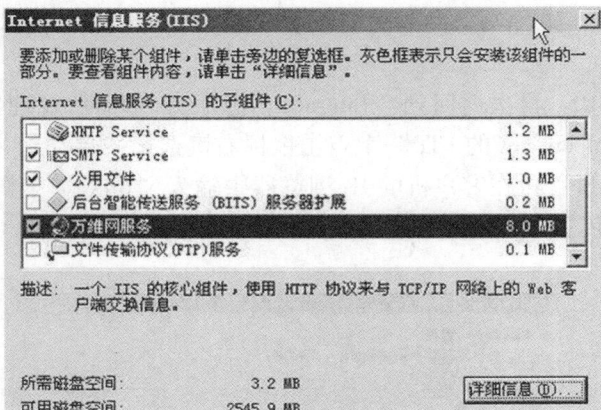

图 13-58　万维网服务

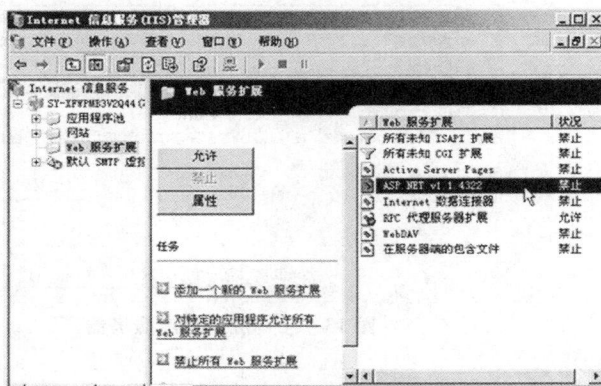

图 13-59　Web 服务扩展

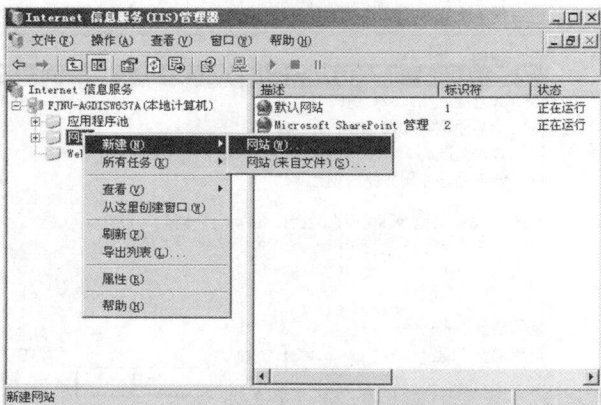

图 13-60　新建网站

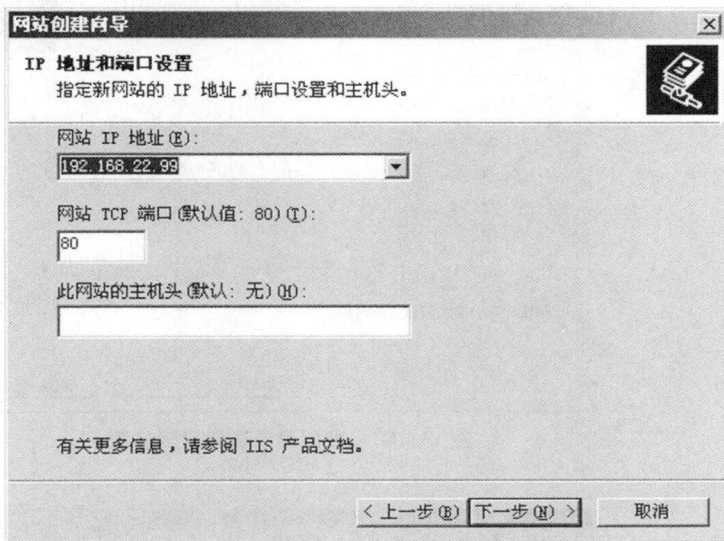

图 13 –61　IP 地址和端口设置

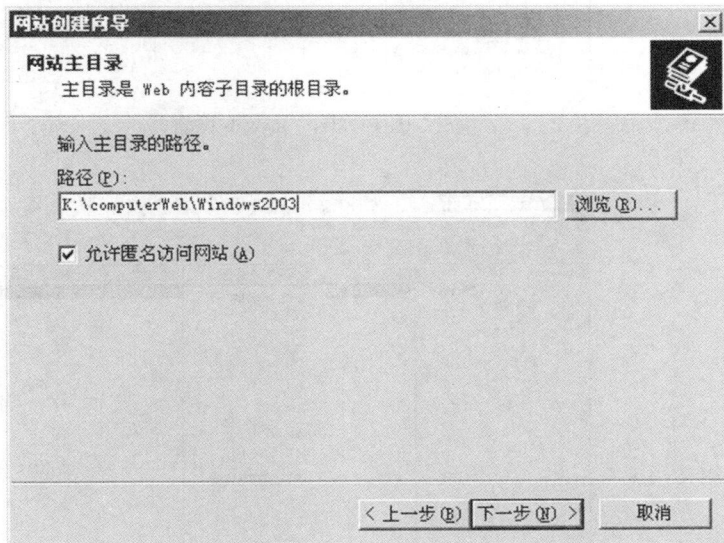

图 13 –62　路径选择

143

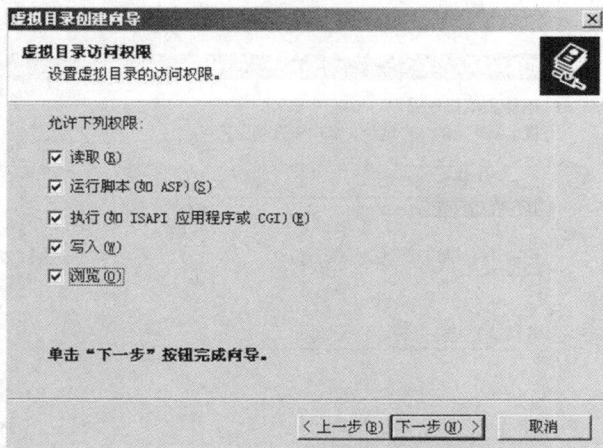

图 13 – 63　虚拟目录访问权限设置

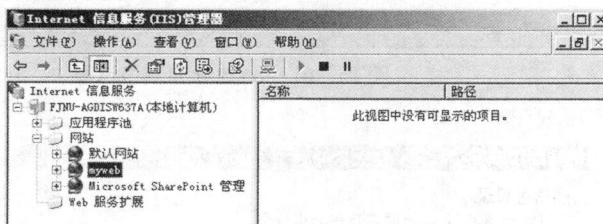

图 13 – 64　myweb 设置

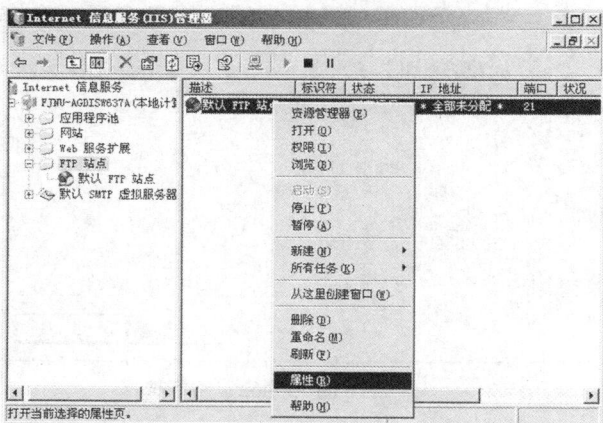

图 13 – 65　查看 FTP 站点

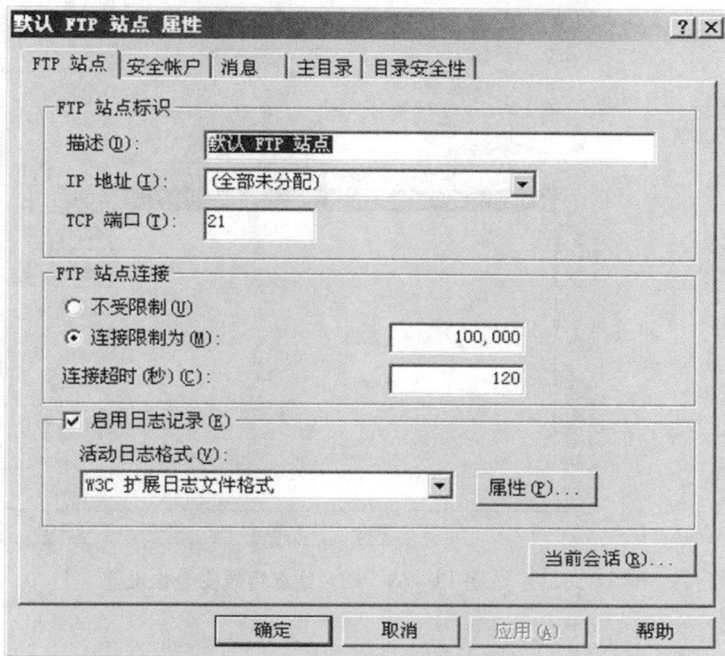

图 13－66　默认 FTP 站点属性

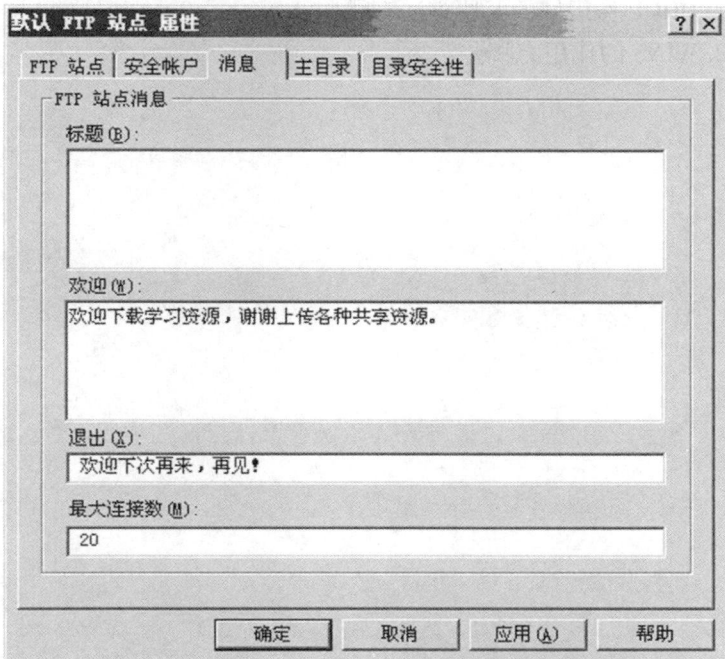

图 13－67　FTP 站点消息

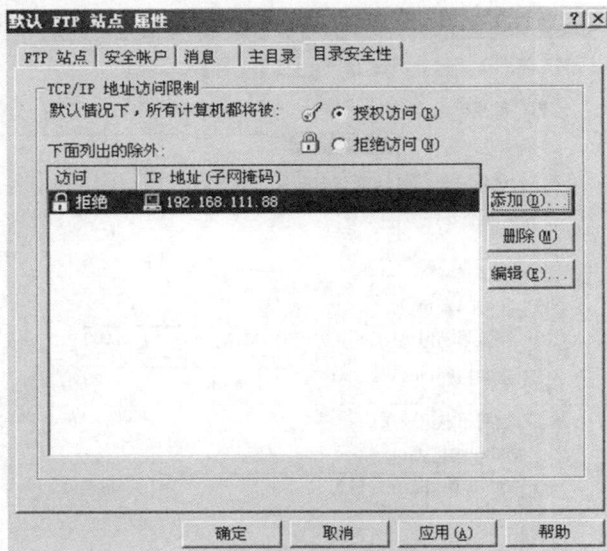

图 13 – 68　FTP 站点目录安全性设置

13.5　思考与练习

1. DHCP 作用域的配置方法有哪些？

2. WINS 的作用有哪些？